U0165178

西方近现代建筑五书
Five Books on History of Modern Western Architecture

北美建筑趋势1990—2000

NORTH AMERICAN ARCHITECTURE TRENDS 1990—2000

[意] 卢卡·莫利纳里（Luca Molinari）著
项琳斐 译

清华大学出版社
北 京

引进版图书版权登记号　图字：01-2011-6440

图书在版编目（CIP）数据

北美建筑趋势：1990—2000／（意）莫利纳里（Molinari，L.）著；项琳斐译.
--北京：清华大学出版社，2012
（西方近现代建筑五书）
书名原文：North American Architecture Trends：1990—2000
ISBN 978-7-302-28965-4

Ⅰ. ①北… Ⅱ. ①莫… ②项… Ⅲ. ①建筑史—北美洲—1990—2000 Ⅳ. ①TU-097.1

中国版本图书馆CIP数据核字（2012）第115794号

责任编辑：赵　蒂
装帧设计：李文建
责任校对：王荣静
责任印制：杨　艳

出版发行：清华大学出版社
网　址：http://www.tup.com.cn，　http://www.wqbook.com
地　址：北京清华大学学研大厦A座　　邮　编：100084
社总机：010-62770175　　邮　购：010-62786544
投稿与读者服务：010-62776969，c-service@tup.tsinghua.edu.cn
质量反馈：010-62772015，zhiliang@tup.tsinghua.edu.cn
印 装 者：保定市中画美凯印刷有限公司
经　销：全国新华书店
开　本：170mm×230mm　　印　张：19.75　　字　数：273千字
版　次：2012年9月第1版　　印　次：2012年9月第1次印刷
印　数：1～5000
定　价：68.00 元

产品编号：040958-01

总　序

关于现代建筑

广义的“现代建筑”遍及全世界，显现出历史上前所未见的建筑全球化景象。

什么是“现代建筑”？可以有不同的回答，宏观、中观，或微观。有人认为现代建筑已经过去，不成气候了。我取宏观的、广义的看法，认为现代建筑是个大概念，外延广阔，可以覆盖一个相当长的时段。

广义的现代建筑的出现有一个长期的过程。如果将1851年伦敦博览会的“水晶宫”视为一朵“报春花”，从那时算起，过去了160年。在这期间，建筑力学和结构科学的发展和成熟，是一项影响深远，具有革命性意义的事情。19世纪结束时，结构工程师已经能对建筑结构中一般力学问题进行比较准确的预先分析和计算，从而能在建筑物的跨度、高度和建造速度方面突破先前的限制，降低风险，节省投资，这是现代建筑与历史上一切建筑体系相区别的一个重要标志。

踏进20世纪，西欧一些前卫建筑师倡导建筑设计和创作的革新，形成“新建筑运动”，1928年成立国际现代建筑师协会（CIAM）。至20世纪中期，新材料、新结构、新功能、新设备、新施工、新的建筑理念、新的设计方法、新的建筑教育，渐渐完善，并且涌现出了一批新派的建筑名师和名作。至此，一种从物质到精神，从技术到艺术，从规划到细部，都呈现大幅变革的新型建筑体系臻于成熟。

与历史上的一种建筑体系相比，现代建筑有两个显著特点：一、科技含量高；二、设计自由度大，因此，现代建筑呈现出历史前所未有的活力。

第二次世界大战之后，现代建筑体系推向全世界。

世界许多地区本来有传统的建筑。欧洲的古典建筑与哥特建筑，中国的木构建筑，中东的伊斯兰建筑等，都是源远流长、枝繁叶茂的建筑大系，然而，在最近一百多年里，在现代建筑浸润之处，各地的传统建筑和建筑传统，都难以维持先前的局面，或消退，或演变；发于西欧的现代建筑体系被引进，被扩散，成为后发次生的、现实有效的和运用最广的建筑手段。并且出现喧宾夺主，后来居上的场景，传统的、本土的建筑渐渐变成一项历史文化遗产，成了需要保护的对象。

近百年中国建筑就是这样走过来的。梁思成先生在《中国建筑史》中描述19世纪末和20世纪初中国的情形是：“最后至清末……旧建筑之势力日弱。”

中国不能原地不动，在建筑领域奋起直追，进行从中世到现代的转型与转轨。中国传统建筑与现代建筑的时空跨度大，反差极强，国土广袤，经济不振，加之战事连连，转变起来牵扯很多，捉襟见肘，实属不易。

今天我们回过头看，蝉蜕龙变，令人惊叹。

在近代，许多外国事物初入中国时常遇守旧派士大夫的抵制，有人“闻铁路而心惊，睹电杆而泪下”。清末小说《官场现形记》第四十六回中有位清朝官员说：“臣是天朝的大臣，应该按照国家的制度办事。什么火车、轮船，走得虽快，总不外乎奇技淫巧。”

可怪的是，与中国传统建筑大异其趣的洋房洋楼，却被许多中国大人先生们不声不响地、高高兴兴地接纳了。光绪十六年（1890），张之洞在汉阳创办制铁局，专聘英国工程师到湖北建造最早的钢结构厂房。光绪三十二年（1906），清政府将北京东城铁狮子胡同“承公府”拆掉，不顾传统衙门的定制，建造新型二层洋楼作为陆军部。在居住方面，清末民初，大批王公大臣、遗老遗少进上海、天津、青岛等地的洋房洋楼，不觉得别扭，反而美滋滋地趋之若鹜。[1]后来，欧美现代建筑登陆中国沿海都市，也未见有人阻拦。

为什么欧洲的建筑能够超越各处历史悠久的传统建筑，广为传播？为什么源于西欧的现代建筑成了当今全世界运用最广的建筑体系？

总的原因是各种各样的传统建筑体系不再适合后来的需要。

---

[1] 清末最高统治者慈禧在接受和使用洋建筑方面是一个带头者。1900年八国联军侵占北京，慈禧逃到西安，当地官员以条件最好的房舍供她居住，她并不满意，后来对人说“虽以督署备余行宫，然其建筑太老，湿重，且易致病。余寓其中，如入地狱。”在美国使节夫人等参观她的居处（颐和园）时，慈禧讲“吾国虽古，然无精美之建筑如美国者，知尔见之，必觉各物无不奇特，吾今老矣！不者，吾且周游全球，一视各国风土。吾虽多所诵读，然较之亲临其处而周览之，则相去远甚。”（清·裕德菱《清宫禁二年记》）

光绪二十八年（1902）筹建“海晏堂”洋式楼：“模型既定，…… 始定海晏堂三字，而立兴土木矣。太后于建筑之进行，甚为注意。并决定其中之陈设，悉用西式，仅御座仍旧制。余等由法返国时，曾携有器具样本数种，太后细加参考，乃择定路易十五世之式样。”（同上）

1908年，为慈禧建造的北京西直门外行宫“畅观楼”落成，慈禧到欧洲巴洛克式的两层楼去了一次，很是喜欢，表示还要再去，但不久死去。（此楼现属一俱乐部，也有餐厅）

清末重臣李鸿章晚年在上海为姨太太丁香建“丁香花园”，聘美国建筑师艾赛亚·罗杰斯，按当时美国流行样式建成花园别墅，楼中有卫生、暖气、消防等设备。（建筑位于今华山路849号，现今人们还可以在内订座吃饭）

清末民初国学大师、保皇派首领康有为晚年在青岛买下原德国官员的官邸，康大人在日记中记下了自己住进洋房的满意和快慰心情。

慈禧、李鸿章和康有为，自身就是中国传统文化的产物，他们对传统文化的挚爱、忠诚和执著，不容置疑。三位都在顶级的中国传统建筑环境中出生和成长，备受传统建筑文化的熏陶，对祖传的宫殿、四合院、胡同等太熟悉了。然而，他们对外国建筑却无格格不入之感，对于外国建筑师打造的洋房，不但不拒斥，反而违反祖制，不顾夷夏之别，主动地、愉快地，比大多数中国人都早早地住进了洋房。

世界各地的传统建筑有这样一些突出的共同点：

（一）形成于自然经济和手工业的前工业化社会；

（二）以土、木、砂、石等天然材料和简单加工的砖、瓦、石灰为主要建材，它们的工程性能逊于工业化生产的新型建筑材料；

（三）传统建筑体系的技术源于工匠宏观经验的积累，科学含量低，主要依靠人力、经验，费工费料，风险高；

（四）主要是为神权、君权和少数人的享乐消费服务。[2]

现代建筑体系从一开始就具有显著的不同特点：

（一）推动现代建筑出现和发展的是工业、商业、铁路和城市生活，生产性、实用性强，注重实效性与经济性；

（二）现代建筑技术建立在自然科学和工业化的基础上，注重科学的理性的分析与计算，建造技术细化为多个学科和专业，采用机械化、半机械化的施工方法；

（三）现代建筑的服务对象大为扩展，包括市民社会多种多样的生活和文化需求，现代建筑文化成为大众文化的一部分。

---

[2] 马克思在《剩余价值学说史》中写道："古代人丝毫没有想到把剩余产品转化为资本。如果这样做过，那至少只是在很小程度……他们把很大一部分的剩余产品转化为非生产消费——艺术品、宗教事业和公共工程。……实际上他们的生产总的说来也没有超过手工劳动。因此，他们为私人消费创造的财富相对地说是不大的，先前所以显得大，只是因为它汇集在少数人手中，而这些人不知道如何利用这些财富。因此在古代人那里，生产过剩并不存在，但是富人的消费过剩是存在的。这种过剩在罗马和希腊末期表现为极度的浪费。"

前些年，我在俄罗斯圣彼得堡的豪华宫殿中游览，见当年农奴制俄国建成那样华美的宫苑，感触尤深。

张之洞为什么不把建造汉阳铁厂的任务交给“鲁班馆”？清政府造陆军部，为什么不拜托“样式雷”？非不为也，是不能也。张之洞和陆军部只得另觅高手。

在自然经济和手工业基础上生成的传统建筑体系，由于物质、技术方面的局限性，任务的非生产性，以及服务对象的小众性，在它提升转变之前，无法满足社会发展带来的新的现实需要。

岁月不居，时节如流，一百年过去了。中国与外国建筑之间，事实上并无真的冲突。不料，在21世纪之初，忽然有人对外国建筑师承担中国建筑设计任务之事极度忧虑。担心中国成了“外国建筑师的试验场”，害怕外国建筑师将把他们的价值与文化观念强加于我们，有人认为外国建筑师的所作所为构成“一种建筑文化的殖民”，后果将是“慢慢地我们用外来的观念来观赏建筑，用外来的思维方式来思考建筑”。2005年春天，北京一份名为《CBD TIMES》的中文刊物，赫然用大字印着：“国外建筑设计师强势入境 —— 狼来了，羊该怎么办？”背景是狼群奔袭的大幅彩照，够吓人的。编者打出悲情牌。（《CBD TIMES》，北京，2005年5月，12~13页.）

这样的观点反映着对我国建筑事业存续的焦虑感，忧国忧民，用心良苦，只是不很符合实情，有点情绪化。

建筑当然是文化，但文化有多个层面。有学者认为，由外向内文化分四个层面：（一）器物文化；（二）制度文化；（三）行为文化；（四）观念文化。外层文化比较松动，容易改变，越往里越稳固，观念的东西最难改变。

物质或器物文化与生产力和科学技术相关，在与别种文化交流时容易接受影响，发生变化。在交流不发达的时代，一国、一地区的器物文化有明显的地域特色和民族特色，但与别种文化相遇后，又容易吸纳外来器物，或者与之交融，特色便趋于淡化。19世纪后期，中国与西方文化相遇时，中国人采取“中体西用”的方针，肯于“师夷之长技”，认为外来的器物文化可以接受，至于原有的制度文化和观念文化，不容改变。

建筑处于哪个层面？

建筑这个大系统，类型多，差别大，情形复杂。建筑物与文化的各个层面都会发生关系，但视建筑物的类型、条件、程度而有差别。生产性厂房是单纯的器物性建筑，宗教建筑、纪念建筑带有强烈的观念文化的品格。

不论怎样，建造房屋的根本目的是容纳人及人的活动，意在使用，重在使用，这是大多数建筑物最根本和最主要的性征。建筑的其他性征都建立在这个基础之上。所以，绝大多数建筑物属于器物文化的范围，带有器物的特征，绝大多数的建筑物位于文化的外层。

今天，我们的建筑和我们的日用器具、服饰、交通工具等一样，与我们祖父辈、父辈用的相比，已大不相同，而且仍在变化之中，这些东西都属于器物文化。

把到中国来做建筑设计的外国建筑师比作狼，甚不合适。（一）他们是技术和艺术知识分子；（二）他们来中国不是为了欺侮中国人；（三）他们是应我们的召唤而来的，并非帝国主义者强入我境。

悉尼歌剧院是丹麦建筑师设计的；澳大利亚首都的议会大厦是美国建筑师的作品；巴黎卢浮宫博物馆的扩建是美籍华人建筑师设计的；纪念法国大革命200周年建的巴黎台方斯大拱门，又是丹麦建筑师的作品；柏林的德国议会大厦的改建是英国人完成的，等等，能说这些建筑方面的国际交流是一国对另一国的文化侵略吗!

眼下，世界上穿西服人数最多的国度是中国。中国的国家领导人进进出出也一色西服，这没有改变他们的立场。同样，西式房屋，无论是古典、现代、还是后现代，也没有让住在里面的中国人改变他们的文化根性。慈禧、李鸿章、康有为等喜欢洋建筑，但那位太后和两位大人终其一生都是中国传统文化的忠实信徒和卫道士。

美国学者亨廷顿名气挺大，因为他特地写了一本《文明的冲突》。但是连他都看出了一个事实，即“非西方文明”在全球化进程中，能够接受西方的物质和技术层面的东西，但不会改变其“非西方社会的文化根性”。他说，现代化的进程并没有使“非西方国家西方化”；相反，经济和政治上的强大，反而助长民族自信。他写道：“喝可口可乐并不能使俄国人以美国人的思维方式考虑问题，正像吃寿司不会使美国人以日本人的思维方式考虑问题一样。在整个人类历史上，流行的风尚和物质商品从一国传到另一国，但从未使接受这些东西的社会的基本文化发生多大的变化。那种以为通俗文化的商品传播表明西方文明取得了胜利的看法低估了其他文化的力量，同时也把西方文化浅薄化了。”（引自周宪. 中国当代审美文化研究. 北京，北京大学出版社，1997.）

亨廷顿的话不是随便讲的。我们不可低估自己文化的力量，也不要把西方文化浅薄化了。总之，无须怀杞人之忧，不必为中外建筑的交往忧心忡忡。

※

我做建筑史教员多年，觉得要讲好建筑史不容易。泽维（Bruno Zevi）说，建筑“几乎囊括了人类所关注的事物的全部”，文丘里的一本书，书名曰《建筑的复杂性与矛盾性》。两位先生的表述告诉我们：建筑史麻烦乃因牵扯的事太多；建筑问题难缠，因为复杂而矛盾。换用马克思主义的话可以说，建筑既是生产力，又体现生产关系；既是经济基础，又属社会上层建筑，故而麻烦。

马克思、恩格斯在《共产党宣言》中写道：“生产的不断变革，一切社会关系不停的动荡，永远的不安定和变动，这就是资产阶级时代不同于过去一切时代的地方。一切固定的古老的关系以及与之相适应的素被尊崇的观念和见解都被消除了。一切新形成的关系等不到固定下来就陈旧了。一切固定的东西都烟消云散了，一切神圣的东西都被亵渎了。”[3]

这些情景在现代建筑中都出现了。

在我们面前，建筑中的新东西“等不到固定下来就陈旧了”。建筑理念中“固定的东西都烟消云散了”。建筑形象更是这样，建筑师各自为战，山头林立，有建筑师被视为“女魔头”。讲外国现代建筑史的人，如在“山阴道上，应接不暇”。应接不暇容易使人见树不见林。做了过河卒子，只好多学习，别无他法。清华大学建筑学院挑出五种关于近现代建筑的最新著述，翻译出来，合为五本一套的《西方近现代建筑五书》，相信对研究外国近现代建筑史的人会有所助益。此外，建工出版社还出了另外一本书：《走向新思维》（胡绍学等著. 北京，中国建筑工业出版社，2010.），新思维我不懂，但对作者们的精气神表示敬意。

我忽略现代建筑体系内纷繁的变异和流派，将外国现代建筑笼统地看做一个历史时期中总的建筑体系。事物都有头有尾，都会结束，现代建筑何时结束，不知道，大约会有拖泥带水的长尾巴。

吴焕加

北京·海淀·蓝旗营叟

2011年6月

[3] 马克思和恩格斯. 共产党宣言. 见：马克思恩格斯选集（第一卷）. 北京，人民出版社，1973：254。

本书献给

加布里埃拉·博西（Gabriella Bossi）

目 录 Contents

导　读

创意多产的10年

尽管战后至今，美国建筑已经引起了广泛的关注，但是本书的出版意在提供一份充实的文献，让读者能够更全面地理解这个富有创意的、多产的文化世界。在过去10年间，美国经历了惊人的快速发展过程，其作品的影响力引起了建筑领域中国际性的争论。

重要的是记录创新的因素，同时探寻那些最重要的美国设计经验与20世纪的美学与文化发展之间相互关联的线索。从弗兰克林·劳埃德·赖特到路易·康，直到巴克明斯特·富勒及查尔斯和蕾·伊默斯的作品。

技术创新、现代性、乌托邦和社会的进步，这一切因素迅速而巧妙地结合，推动了美国建筑的发展，很快在这里打造出一流的现代建筑，并且使其成为衡量欧洲和国际建筑作品的标准之一。

如果我们试图探求反映现实特色的复杂性，并且深入了解更多当代文化代表性作品的来龙去脉，我们应该尽量站在文化的角度上，将现实当做唯一的、真正的参照，同时也将其当做促进转变和发展的因素。

的确，对于一家大型的企业来说，当代建筑应该具有重要的象征作用，可以通过建筑传达出企业自身的价值观。

投身建筑行业的企业不得不高度关注风格、文化感知和美学的变化发展，它必须富有创意、充满活力、并具有灵活的适应性。最重要的是，它应该理解视觉和空间艺术与工业应用之间错综复杂的关系并融入其中。

正如一家高科技企业不可能对科学争论漠不关心，一家极具创新精神的企业同样不可能对建筑不感兴趣。

在现在这个时候出版《北美建筑趋势1990—2000》，意在对一种设计活动的理解做出解释，即将设计活动理解成一种结构性常量，实际上它构成了一个公司经济维度的一部分；这意味着在设计与规划文化上进行投资，并且在总体上与最前卫的文化研究保持一种不间断的联系，这不是出于在道德上与心理上对社会做出回馈，而是因为经济价值不能与激发理解力和智力的意义区分开来，即使是在最平凡的交易手段中，这一意义也会不间断地呈现出来。

有关基本概念的剖析，本书的创作所要明确表达的显然不是满足某种意识形态上的承诺，而是要在具体的术语上下工夫，以创造一种总是能够与文化争辩的发展进程相契合的企业理念，并将这种开放的方法转化成为造型、结构，以及种种物质性的证据。

这意味着一种设计自主权的意识，意味着对形式创造者的尊重：形式作为交流的媒介，从来没有忽略图片和对象最终的、根本的使命，即能够成为表达功能的语言，传递一种绝无仅有的体验。

在这里，我想引用路易·康的一句话，他说："人类的三个首要需求是学习的渴望，交流的渴望和对美好生活的渴望。"我们应该相信，通过分析当代建筑作品，持续不断地追求建筑品质，能够引导设计者、企业和行政官员在当代文化的建设中，最终考虑以人为本进行建造活动。

阿达尔贝托·德尔·拉戈

意大利建筑师、设计师

2001年

新美国建筑趋势

New American Architecture Trends

一直以来，马拉齐集团（Marazzi）都优先考虑与设计专业人士的直接联系与密切合作。在过去30多年的发展历程中，这种关系演化出多样的形式和方法，但总是能为公司拓展生产领域并创造最先进的生产体系提供动力和纲领。

马拉齐集团的产品研究和开发一直与整个文化世界保持联系，尤其是建筑学。公司历史上一段最重要的时期，就是在“二战”之后的经济与工业增长阶段与一些最重要的、著名的意大利公司的合作。

在随后的几十年里，马拉齐集团不断致力于从事研究和专利生产，是为了创建一个能够与建筑行业中各个环节的设计者密切合作的组织。这一策略让公司开发出一系列技术产品，这些产品的应用完全超出了过去常规的制陶业，延伸到家居环境之外的领域。陶瓷材料的特点是不易破损和无限装饰的可能性，这一特点在新类型和尺度上得到极大限度地自由发展，成为大规模的工业项目、公共工程、体育设施和城市设施的重要组成部分，同时还应用在日常交通密集或需要特殊载重系统的地方。

马拉齐集团提供了大量的专门技术，辅助建筑师和设计师进行创作和实践，并在国际范围内通过密切合作的方式，为创造必将载入史册的建筑作品做出贡献。

意大利马拉齐集团

2011年

致　谢

Acknowledgements

如果没有马拉齐集团（Marazzi）坚定而不懈的支持，如果没有与策划系列图书并不断探求建筑的新现象和思想的建筑师阿达尔贝托·达尔拉戈（Adalberto Dal Lago）的持续互动，这项研究计划可能永远无法完成。诚挚地感谢所有帮助我获得材料并与我讨论其各自项目的美国建筑师工作室：梅格·阿尔卑斯（Meg Alpine）（西萨·佩里事务所/Cesar Pelli），伊丽莎白·安诺维（Elisabetta Annovi）（阿尔多·罗西事务所/Aldo Rossi Associati），威尔·布鲁德（Will Bruder）与德韦恩·史密斯（Dwayne Smith）（威廉·布鲁德事务所/William P. Bruder），莉泽·安·库迪尔（Lise Ann Couture）与阿尼·拉希德（Hani Rashid）（渐近线事务所/Asymptote），布伦纳·多尔蒂（Brenna Dougherty）（拉菲尔·比尼奥利事务所），彼得·埃森曼（Peter Eisenman）与塞巴斯蒂安（Sebastian）（埃森曼建筑师事务所），莉萨·格林（Lisa Green）（理查德·迈耶），查尔斯·格瓦思米（Charles Gwathmey）与瓦内萨·拉夫（Vanessa Ruff）（格瓦思米与西格尔建筑师事务所/Gwathmey, Siegel），伊莱亚娜·拉丰泰内（Ileana La Fontaine）（贝·考伯·弗里德事务所/Pei, Cobb, Freed），汤姆·梅恩（Tbom Mayne）与安娜·莫卡（Anna Moca）（墨菲西斯建筑事务所），基思·门登霍尔（Keith Mendenball）（弗兰克·盖里），埃里克·欧文·莫斯（Eric Owen Moss）与雷蒙德（Raymond）（埃里克·欧文·莫斯建筑事务所），马克·帕什尼克（Mark Pasnik）（马卡多与西尔韦第建筑事务所/Machado and Silvetti），迈克尔·罗东迪（Michael Rotondi）与玛丽贝思（Marybeth）(Ro.To.建筑事务所)，大卫·肖恩（David Shone）（帕特考建筑事务所/Patkau），钱以佳（Billie Tsien）与维维安·王（Vivian Wang）（威廉斯与钱以佳建筑事务所/Williams, Tsien)，罗伯特·文丘里（Robert Venturi），休·斯坎伦（Sue Scanlon）与劳伦·雅各布（Lauren Jacobi）（文丘里与斯科特·布朗/Venturi Scott Brown）。特别感谢陪我在美国考察的朋友费德里科·达尔拉戈（Federico Dal Lago），感谢基亚拉·杰拉恰（Chiara Geraca）为本书出版的准备工作所给予的帮助，感谢伊拉利亚·马佐莱尼（Ilaria Mazzoleni）在洛杉矶提供的有价值的指引，感谢达尔拉戈工作室（Studio Dal Lago），尤其要感谢萨拜娜·布鲁科利（Sabina Brucoli）与艾玛·卡瓦齐尼（Emma Cavazzini），劳拉·塞萨里（Laura Cesari），皮波·乔拉（Pippo Ciorra），奥尔多·科隆内蒂（Aldo Colonnetti），弗朗切斯科·约迪切（Francesco Jodice），皮耶路易吉·尼科林（Pierluigi Nicolin, Paolo Scrivano）与米尔科·扎尔迪尼（Mirko Zardini）所给予的建议和无限的鼓励，感谢马特拉（Matra）与西蒙（Simone）一直热情地陪伴着我。

20世纪90年代的美国

The American Nineties

10年——不论这样一种年代标准的设定可能被证实是多么地不着边际——能够汇聚起一系列事件和轨迹，这些事件和轨迹可以记录某种新的现象、延续和叛离的要素、相关的参与者以及包容这些现象与要素的环境。10年，足以使一位历史学家或批评家与事件的发生保持一段不大不小的距离，关于这些事件的报道会因为这样一段距离而湮没，或是最终验证了当时所有的一切。

事实上，近些年出现的诸多文化艺术现象割裂了整体的记忆，把自我认同与理想的文化和自然根源剥离开来，成为一个模糊的形象，与我们熟悉的体验缺乏评论的距离。仿佛创作和完成文化艺术作品的自然过程，已经跟不上文化产业和机构推行的速度，也来不及使用恰当的工具。

随着人们对图像、创意和各类活动的消费不断增长，当代建筑也不例外，受到越来越多的关注，它紧跟技术的发展，同时满足社会的需求，而付出的代价就是失去了那些仅存的愈加值得探讨的个性。

因此，所谓“不久前”，其实是一种临时性、概念性的界定，用以研究当代建筑所处的复杂而多样的现实环境，我们的研究不得不持续地调整评价范围，从形象的全球化到环境的独特性，新经济时代和建筑业结构上的滞后。

这些复杂的现象持续出现并相互关联，人员的流动性和他们的文化根源，大众品位、根深蒂固的传统与现代化之间持续不断的冲突和协调过程，经济活动和地域范围的扩张，以及城市化的过程，这些现象都需要一定的分析视角，既不能直接立足于当下，也不宜效法微观史学，更不能仅仅局限于探究事件发生的原因，因为以长远的观点来看，各种现实状况的迅猛发展都会导致分析陷入困境。

这里是一些对某种精细方法特征的思考，这些特征是对最近10年与政治、社会和经济的语境密不可分的北美建筑进行分析呈现出来的，这一语境受到了席卷一切的大规模蜕变的左右与支配。

在这个不断变化的10年里，建筑竭尽全力地呈现出能够真正反映时代特征的形象，倘若不借助能立即做出回应的虚拟手段，建筑恐怕难以应付现实重复出现的需求。

这10年顶着经济危机的利斧开始，历经了互联网在全球范围的扩张，在产业及金融空前繁荣的时期结束。这10年的起点笼罩在柏林墙倒塌和洛杉矶暴动的阴影下，至终点时，美国的政治影响力已经进一步向全球扩张，与此同时，多种族的社会意识在不断觉醒，在个别的州，西班牙裔和亚裔群体将第一次在白人社会里成为主流。

在这10年里，构思设计于20世纪80年代的项目均已陆续完工。10年间，建筑界起初经历了《S,M,L,XL》一书带来的影响，接着是盖里-毕尔巴鄂现象的冲击，一直以来，思想和设计全球化的成果，前所未有地引导着许多美国建筑师的工作，使他们得以在欧洲和亚洲地区立足，与此同时，很多亚洲和欧洲设计师也开始在北美从业。

这些年见证了美国多元的建筑文化如何远离传统的学术发展的中心，逐渐找到自身的定位，并同时呈现出社会和经济扩张下的现实图景。

本书选取了一系列北美建筑师于20世纪90年代在美国建造的项目，试图开启一扇窗口，让读者看到同样具有重要意义的建筑潮流。

选取这一角度，部分原因是受到系列丛书中上一部书的影响，即《当代欧洲建筑趋势图集》（*Atlante Tenderize dell'architettura europea contemporanea*），《20世纪90年代》丛书，由马可·德·米歇莉丝（Marco De Michelis）于1997年编辑。本卷丛书意在选取一系列能够迅速引起读者思考的作品，揭示出在过去的几十年里完全被忽略的问题，例如，是否存在所谓的美国风格，这种风格是否有它自身的语言、传统和历史。或者，如笔者的观点，这一系列特征（即使是相互矛盾的）应该来自同一经济、社会和地域背景下的艺术和思想体验（请不要忘记，我们最终讨论的毕竟是一个联邦），从而勾勒出当今美国建筑大致的轮廓。

本书选择的作品，不仅反映了不同的概念及艺术发展过程，也展示了结构和功能类型的多样性。

在选择的过程中，我们坚持避免受到哗众取宠的新观念或新近作品的影响，也不会刻意挑选个别建筑师20世纪90年代在美国设计的经典之作。

这些短文旨在进一步延伸人们对现实的关注，显然，真正的现实难以浓缩到 18个作品和18位建筑师的经历上。

这些文章引导读者关注的主题和论点集中在过去10年美国建筑所呈现的最

主要的特征上，通过本土发生的一些更宏观的社会变化剖析这些特征。

相关的主题试图构筑一幅引人思考的图景，探讨的问题从北美大陆在经济社会发展的推动下所经历的变化，到强有力的国际化趋势同本地传统的复兴之间的抗衡。因此，前面两章（《突变与全球化》、《批判地域主义》）试图探究美国建筑缓慢而充满矛盾的变化，这与传统的客户通常胆怯而又保守有关。而官方文化与现实复杂性之间相互影响的困境也常常出现，会突发形成一种对建筑物的宏伟设想。而另一方面，我们不难发现，一些地区的设计实践强调文脉的延续，试图挖掘自身的环境价值，而受现代性的影响不那么强烈。

与前两章不同的是，第三章《向……学习》重点对美国建筑自身及其应用的工具进行了深刻的反思，总结了一系列对当代国际上争论的话题产生了特别影响的理论及设计经验。

迪斯尼公司办公楼全景，奥兰多，1991—1998年

迪斯尼公司办公楼分析草图，奥兰多，1991—1998年

阿尔多·罗西与美国

Aldo Rossi and America

“在我的科学自传的作品中，美国无疑占有重要的篇章，即使我在职业生涯晚期才到那里。”

——阿尔多·罗西

我认为，要理解美国东海岸先锋建筑文化与威尼斯及其建筑学院之间微妙的联系，最有趣的途径之一（至少在最初阶段）就是尝试重新梳理阿尔多·罗西与美国之间错综复杂的关系。

近些年来，尤其在罗西不幸去世之后，我们注意到罗西最初的研究项目和介入手法，能够提供一个理解这些现象的有意思的参照。即使是这样，囿于轶事和自述的文字风格，这些关系仍然是模糊、混乱的，难以得出有意义的结论。本篇短文以及本书特别安排这一章的目的，是简要描述罗西与美国的关系中一些具有代表性的事件，包括《科学自传》中的几个重要段落和1986—1991

年间建设的公共项目，从20世纪70年代早期第一次在纽约展出的绘画到1991年的汤玛斯·杰佛逊建筑奖，我们可以看到罗西与美国的关系与友谊在逐步转变，他渐渐成为一个不倦的行者，成为一位世界公民，他能将他本人的记忆、他自身职业生涯中的图形和影像渗透到他着手的每一个项目中。

然而，罗西在美国取得的成功最初来自于他的绘画，它影响了20世纪70年代初美国的建筑文化，在“纽约五人组”作品的纯理性主义回归与后现代主义的强势推行之下，创造出一种平衡。

在1981年和1982年间，首先被翻译成英语引入美国的，不是罗西的理论著作，而是他的绘画。约翰·海杜克（John Hejduk）在库珀联合学院策划了这些绘画的展览，同时，这次展览也成为学术研究的关键，引起曼弗雷多·塔夫里（Manfredo Tafuni）和拉菲尔·莫尼奥（Rafael Moneo）在《反对》杂志的第3期和第5期上发表文章展开争论，适逢1973年第15届米兰三年展，罗西本人正着手于修正对理性建筑的认识，他的这次修正意义重大并具有代表性。

早在1976年，罗西就在库珀联合学院和康奈尔大学发表首批演讲。这些演讲和随后和纽约建筑与城市研究所第一次合作的成果，在1979年集结成《阿尔多·罗西在美国》一书。

在20世纪80年代，罗西凭借他的建成作品、设计方案以及建筑绘画，逐渐在国际舞台上赢得越来越多的认可。他在美国同样还获得了许多教学（1980年耶鲁大学；1983年哈佛大学设计学院；1989年哈佛大学）和建筑实践的机会，1986年迈阿密大学校园项目，1987年加尔维斯敦凯旋门，1988年多伦多灯塔剧场，1988年宾夕法尼亚州波科诺山独户住宅，所有的设计都与莫里斯·阿德加米（Morris Adjmi）合作完成。1990年，他获得了普利兹克奖，1991年，他获得AIA荣誉奖和托马斯建筑奖，这些标志了他与美国建筑文化建立起密切的联系。

从20世纪90年代初开始的是奥兰多和巴黎的迪斯尼项目，但最不同寻常的项目是在纽约南布朗克斯艺术学院的建筑介入，罗西受艺术家蒂姆·罗林斯（Tim Rollins）的邀请，参与介入到城市中最衰退的区域之一。20世纪90年代末期他的项目有洛杉矶的迪斯尼和纽约百老汇的办公建筑（1984），紧接着是1985年的迈阿密附近锡赛德的独立住宅项目（L.M.）。

引自《科学自传》

在我的科学自传的作品中，美国无疑占有重要的篇章，即使我在职业生涯晚期才到那里。然而，时间总是以出人意料的方式让人有所准备。我在早期的教育经历中就受到美国文化的影响，这些影响大部分来自电影和文学作品，对于我来说，这些美国的东西绝非“钟爱之物”，这里我特别指的是北美文化。因为我一直都把拉丁美洲视作神奇创造的发源地，而且我过去曾经骄傲而狂妄地自认为是一个亲西语国家的分子。

而且，我想不起来是否直接看到过美国建筑师的文字、书籍和图片，实际上，我太沉迷于书本了，尤其在年轻的时候，我一直关注学习与直接体验之间的关系。这也许就是另一个原因，让我没有完全脱离伦巴第，我试图将新的印象与过去的感受融合。

而且我发现，权威的建筑评论没有将美国包含在内，甚至对其不屑一顾：评论家关注的只是现代建筑如何在美国发生转变或得到应用的。这也与空泛的反法西斯主义发生联系，搜寻社会民主文化未曾达成却一直追求的典范——现代城市和许多其他美丽的事物。

然而众所周知，现代建筑在美国遭遇了在其他任何地方没有遭遇过的挫败。如果有一种移植或转化值得研究，也应该是巴黎美术学院时期的巴黎建筑，学院派的德国建筑，自然还有英国城市与乡村中具有深刻影响的方方面面——而不必提及类似情形的拉丁美洲的西班牙巴洛克建筑。

我认为，没有其他城市能比纽约更好地证实我在《城市建筑》中阐释的观点。纽约是一个石头和纪念碑的城市，我从未想到能有这样的地方存在，但我却亲眼看到了。我意识到阿道夫·卢斯如何为芝加哥论坛大厦竞赛做出那样的方案，那正是他对美国的理解。当然，并非像人们所一直认为的，这是一个维也纳人的自娱自乐：这其实是他对美国在新语境中对一种风格加以广泛应用而造成的扭曲进行的综合。而被城市纪念碑环绕的区域正是整个地区的全部。

如果现在要说起我的美国项目或“形式”，可能远远偏离了科学的自传的主题，那部分内容应该放在我的个人回忆录或生平中。我只能说，在这个国家，类比、隐喻，或称之为观察，让我产生了强烈的创作欲望，再一次，让我对建筑产生了浓厚的兴趣。

比如，我发现星期天早上漫步在华尔街地区的那份感动，像在塞里奥或其他文艺复兴理论家想象的城市图景中漫游。我在新西兰乡村曾有过类似的体验，在那里一栋孤立的房子似乎就能构成城市或乡村，无论它的大小如何。

1978年，当我在库珀联合学院任教的时候，我给学生们布置了“美国大学城”（American academical village）的研究课题。我对这个题目感兴趣是因为它可以提供很多真正与欧洲无关的文化含义，比如，“校园”的真正概念。在我看来，这个课题的成果是非同寻常的，因为这些学生重新发现了更古老的课题，超越了托马斯·杰斐逊（Thomas Jefferson）的“大学城”的独特布局，追溯到城堡建筑，更追溯到前人未曾提及的新世界（108~110页）。

迈阿密大学校园项目，佛罗里达州，1986

PROJECT FOR THE CAMPUS OF THE UNIVERSITY OF MIAMI, FLORIDA，1986

合作者：莫里斯 · 阿德加米

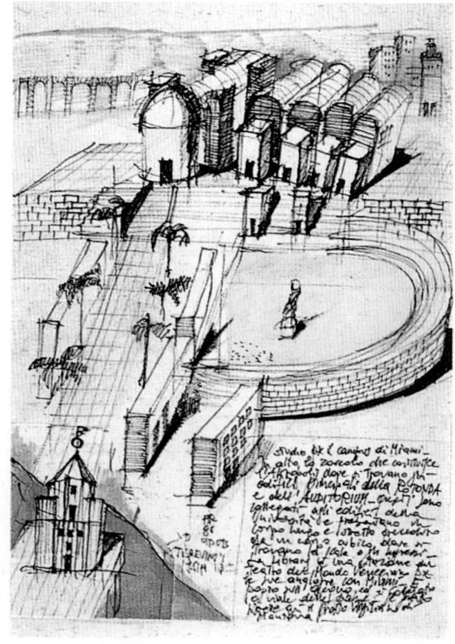

初步手绘效果图

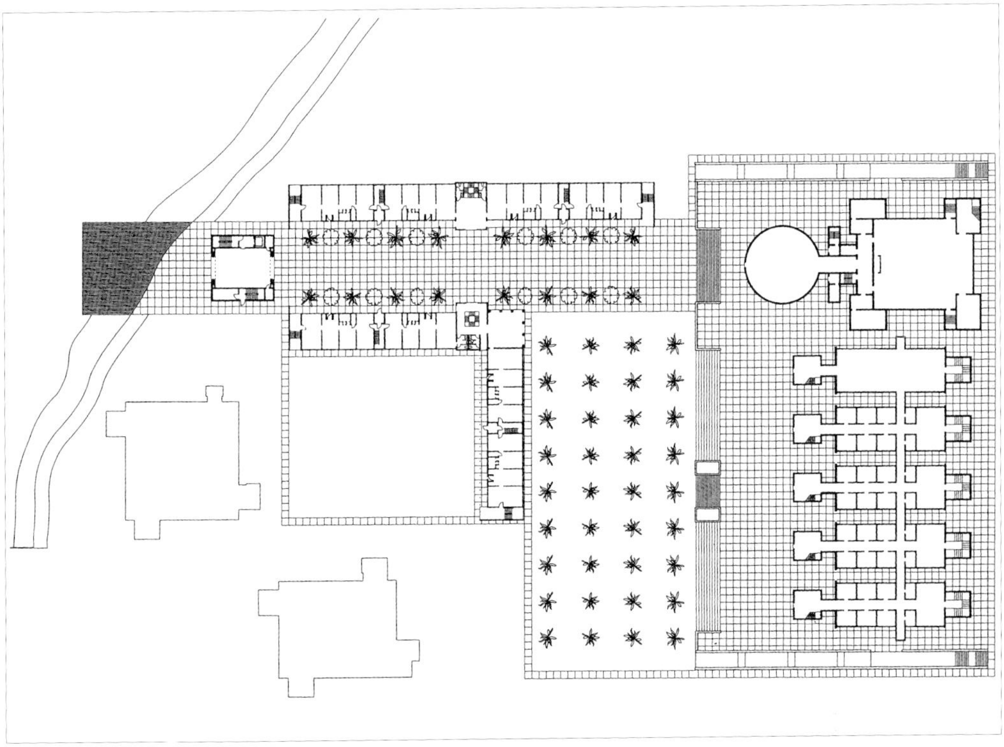

总平面

纵剖面

南布朗克斯艺术学院，纽约州，1991

SOUTH BRONX ACADEMY OF ART NEW YORK，1991

合作者：莫里斯 · 阿德加米

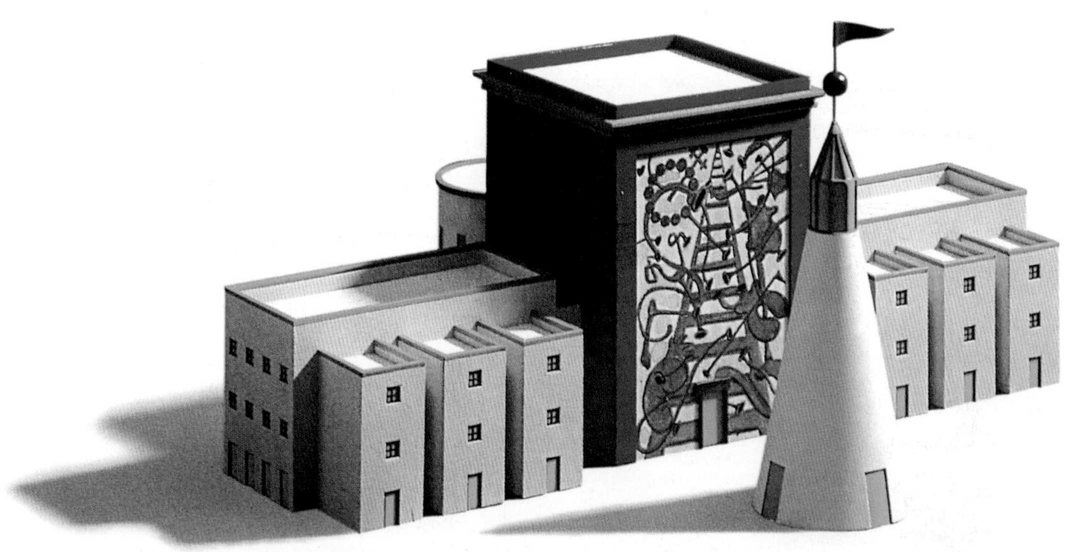

总体模型

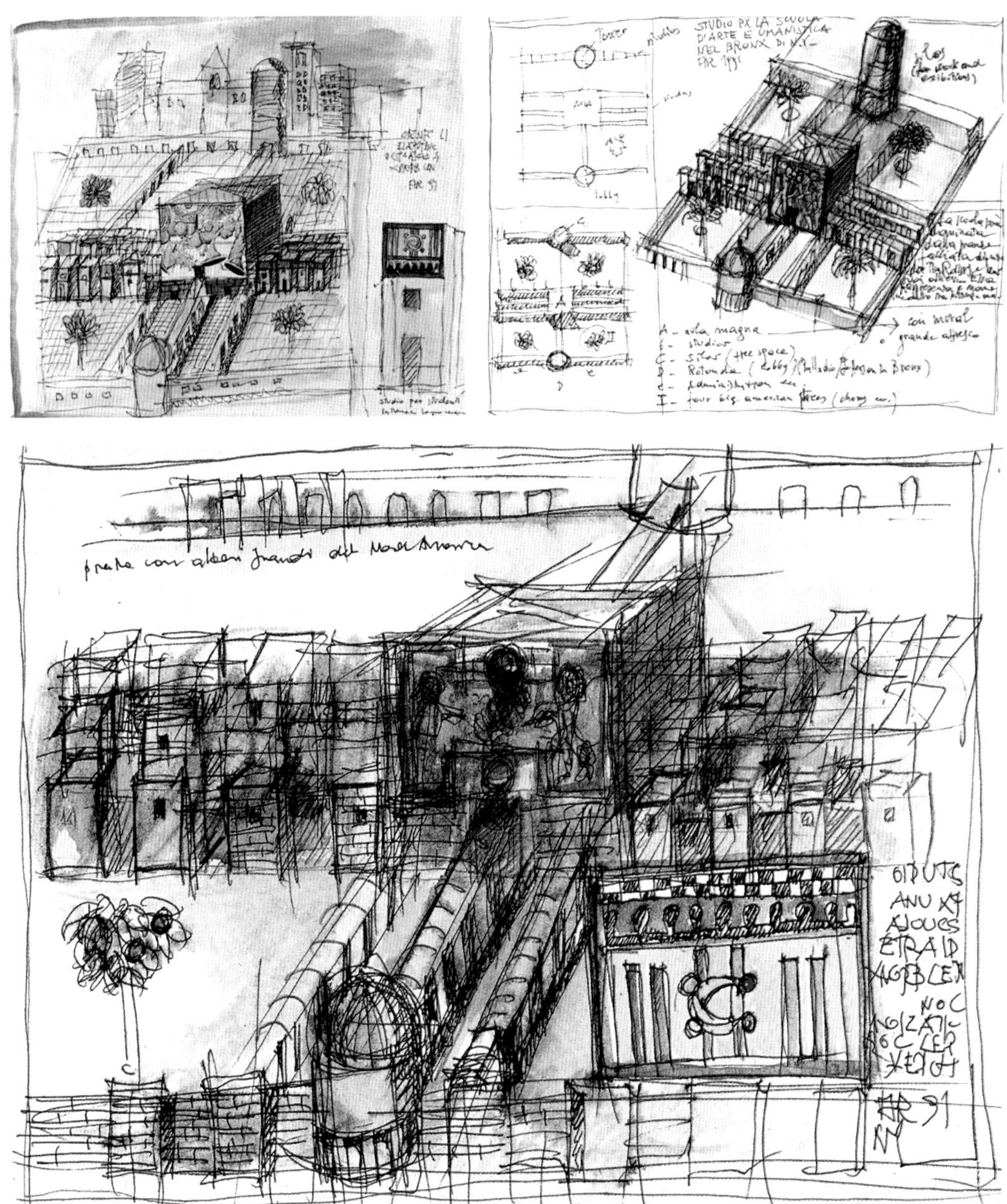
STUDIO PX LA SCUOLA
D'ARTE E UMANISTICA
NEL BRONX DI N.Y.
A – aula magna

分析草图

第一章
突变与全球化

CHAPTER ONE
Mutations vs Globalization

在1933年版的电影《金刚》中，金刚紧紧抱住新帝国大厦闪闪发光的尖顶，在攻击机子弹的扫射下，它从这栋摩天大楼上坠落身亡。

战斗的硝烟散去，这栋石头、水泥和钢构成的建筑丰碑却在野兽的攻击下完好无损，这显然不合情理。

70年之后，类似的攻击却造成了不一样的后果。

在《独立日》137分钟的电影场景中，笼罩纽约及其700万市民的烟雾，将城市变成了一个废弃的、迷宫般的丛林，哥斯拉穿行其间，加上军队卷入其中，不仅帝国大厦，还有Met大厦（格罗皮乌斯/TAC设计）、熨斗大厦、布鲁克林桥和麦迪逊广场公园全都被摧毁。

两年前，（在电影中）美国独立日即将到来之前，外星人的第N次入侵毁掉了白宫、美国国会大厦、自由女神像和美国的大多数城市。

这些被认为象征了美国及其现代化的标志被新的入侵者摧毁，在这个变化如此迅速的世界里，美国失去了它今日的象征。

大众电影似乎总能够发掘出社会最深层的情感，并将这种情感释放出来。在俄克拉何马城遭到恐怖袭击仅仅一年之后上映的《独立日》电影中，看到这些国家的标志物遭到摧残，让人触目惊心。

占据美国10%的建筑空间的办公建筑反映了全球化的趋势，并进一步推动了这一趋势，建筑学与建筑业快速分离的现象日益明显，人们开始怀疑，我们是否仍能寄希望于建筑学构思出获得整个国家认同的当代空间。

尽管背负着巨额的国债，以变幻莫测和强势发展的纳斯达克（Nasdaq，全美证券商协会自动报价系统）为象征的新经济增长，还是反映出新的活跃的经

1995年俄克拉何马城联邦大楼被炸

济形势。不同种族“少数派”的不断壮大触发了美国社会和文化结构的复杂状况。尤其在1989年柏林墙倒掉之后，互联网确定成为一种交流和信息交换的模式，美国的政治和经济角色自然而然地向全球化的身份转变。这些只是北美大陆深刻变革中的一小部分要素，随之而来的，是对能够代表这些变化的形象和符号达成共识。

那种似乎要将经济扩张的现状与市民和政治的紧张局势联系在一起的机制，今天看起来，似乎被明显地悬置在了那些鲜有勇气尝试新途径的公共客户与私人客户之间，这些客户坚持那些陈旧而过时的形式，既反对建筑语言的陈词滥调也反对官方的建筑文化，他们被明星体系所蒙蔽，但是却很少遭到那些建筑批评圈子中人们的反对，这些建筑批评者被看做在“政治上是正确的”，而且他们愉快地封闭在其自身的世界中。 他们将自己与大学体系紧密地捆绑在一起，而不愿意去面对如此复杂的问题。

至少在过去的30年里，建筑本身被赋予了新社会思想旗手的使命，然而随着这种政治需要的消失，在过去的10年里，美国建筑进步的命运似乎被移交给了大学院校和近几年主要的联邦投资对象，以及一个又一个竞相展开的博物馆项目。除了传统的文化巨头之间的竞争，比如古根海姆、MoMA和盖蒂，遍布全国的其他公共和私人机构以及一些开明的经济主体也参与到博物馆的建设当中。

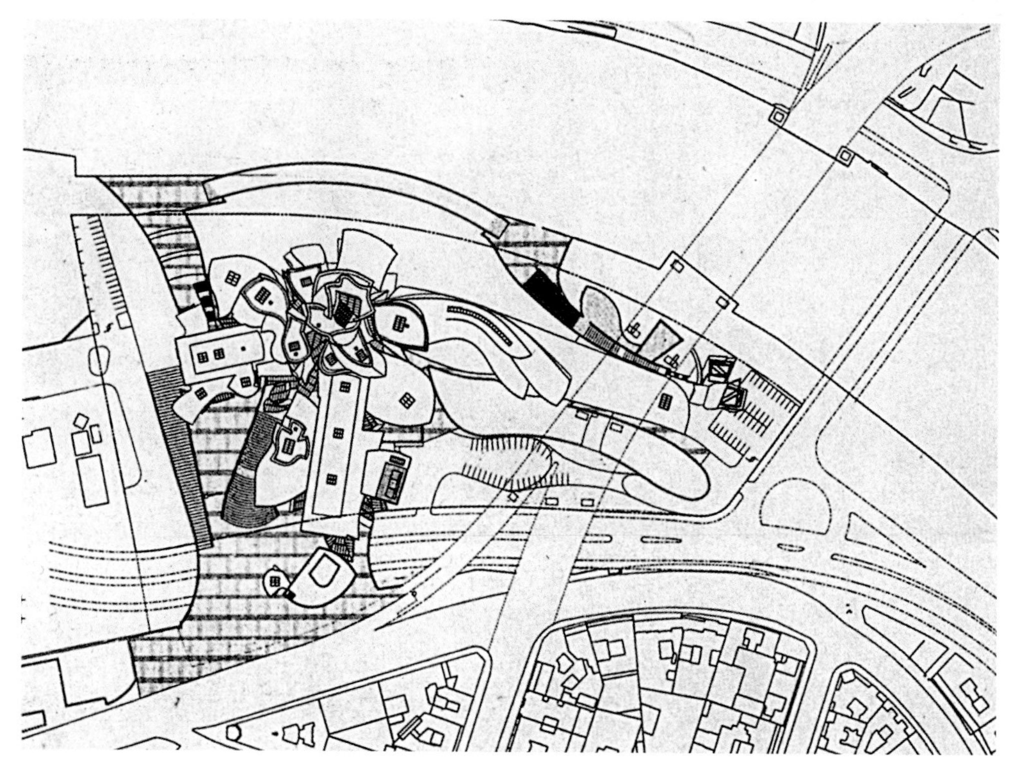

弗兰克·盖里

古根海姆博物馆，毕尔巴鄂，1991—1997年

精英层面的需求通常缩手缩脚，或者只是限于将引人注目的建筑物当做吸引大众消费的手段。

然而值得注意的是，尤其从20世纪80年代后期开始，一些美国当代建筑代表人物的成功使得他们和海外形成一种特有的互动交流，促使欧洲和亚洲设计师参与到美国新的公共项目的设计工作中。

一些美国大学开始具有先进的文化影响力，一定程度上预示了成功，尤其在亚洲和南美；另一方面，也加强了与欧洲传统上的联系。最近历史上首先出现的《反对派》（*Oppositions*）杂志和之后的《ANY》杂志，就是很好的例证。

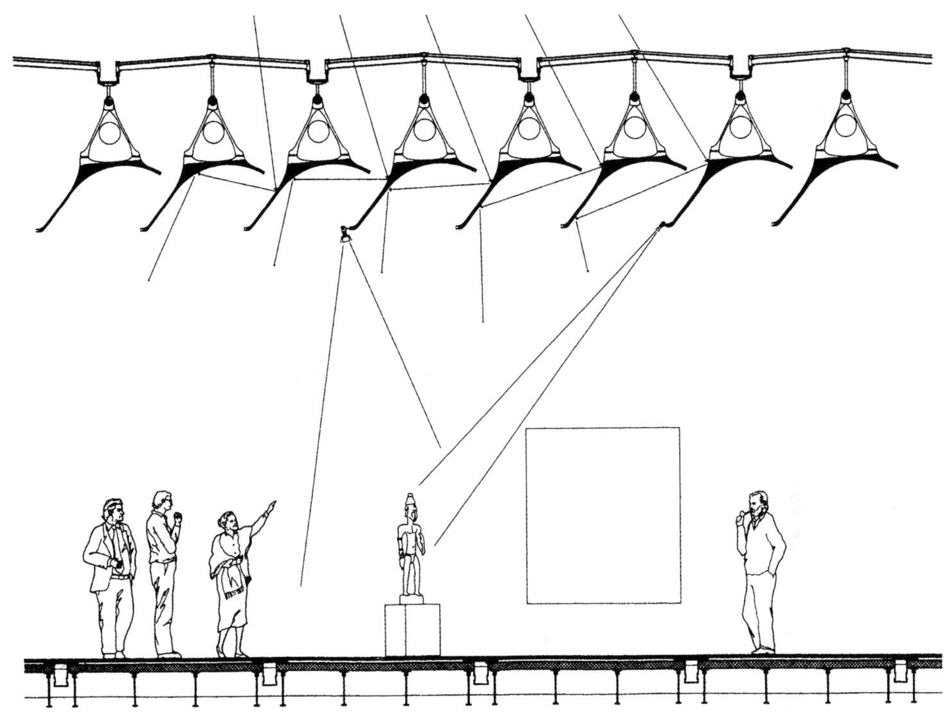

伦佐·皮亚诺

梅尼尔收藏博物馆，休斯敦，1981—1986年

迈克尔·格雷夫斯

迪斯尼大楼，加利福尼亚州，伯班克，1985—1991年

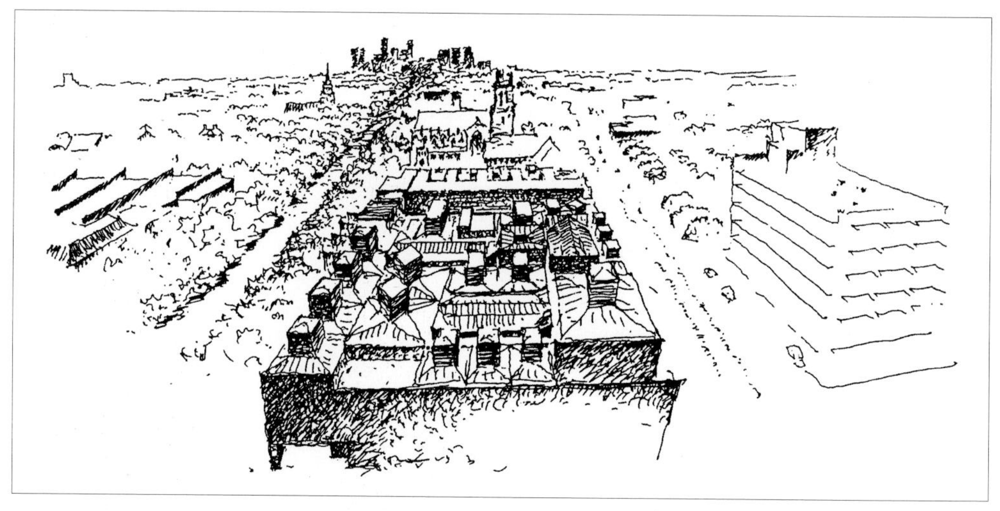

拉菲尔·莫尼奥
现代艺术博物馆，休斯敦，1992-2000年

矶崎新设计的当代艺术博物馆（MoCA），伦佐·皮亚诺设计的休斯敦梅尼尔收藏博物馆（De Menill Collection），伯纳德·屈米设计的哥伦比亚大学扩建，拉菲尔·莫尼奥设计的休斯敦新现代艺术博物馆，雷姆·库哈斯为洛杉矶设计的项目，马里奥·博塔设计的旧金山现代艺术馆，圣地亚哥·卡拉特拉瓦设计的密尔沃基现代艺术馆扩建，以及阿尔多·罗西在美国设计的多个项目，与此同时，这些建筑师也经常出现在最负盛名的美国大学里，这些现象都表明，来自海外的强大影响力以及文化交流的历史性的阶段出现了。

同样，还应该提及弗兰克·盖里、彼得·艾森曼、理查德·迈耶、罗伯特·文丘里、斯蒂文·霍尔、贝聿铭、拉菲尔·比尼奥利、西萨·佩里、赫尔穆特·扬和迈克尔·格雷夫斯的设计与作品。

建筑师的介入以不同的方式进行，其范围涵盖了类型学的设计和主要以经济投资为背景的“美国”文化的建筑（一个不错的例子是西萨·佩里设计的吉隆坡双子大厦；另一个是贝聿铭设计的香港汇丰银行。当然我们也不能忽视迪斯尼所有在法国的项目），还有通过国际竞赛得到认可的建筑（这类项目包括文丘里和斯科特·布朗设计的伦敦国家美术馆西翼扩建工程，斯蒂文·霍尔设

理查德·迈耶

展览与集会建筑，德国，乌尔姆，1986—1993年

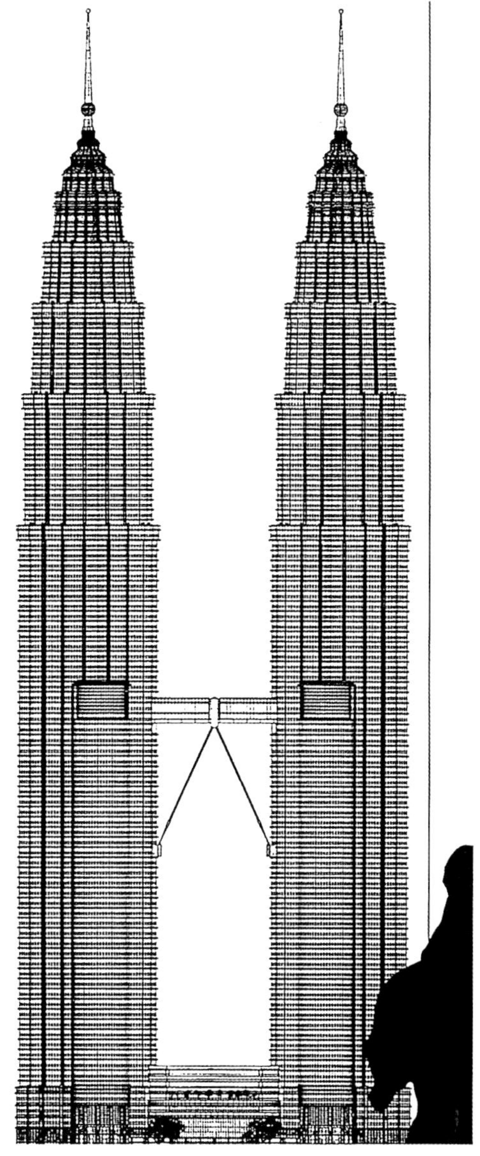

西萨·佩里

双子大厦，马来西亚，吉隆坡，1991—1997年

计的赫尔辛基当代美术馆），以及极端的实验性质的设计，这类项目由于在国际上引起公众的强烈反响而成为第二阶段的典型（从贝聿铭的卢浮宫金字塔到弗兰克·盖里的古根海姆博物馆，后者是纽约第二座新建筑设计模仿的对象）。

在任何情况下，在所有这些案例中，建筑项目都首先被看做是对高品质的或原创性的形象的投资，这一形象能够被转换成推动该项目的公司或机构的强有力的市场工具。从这一观点来看，我们应该认为弗兰克·盖里的作品，特别是毕尔巴鄂的古根海姆美术馆的落成典礼所带来的是成功的征兆。正如纽约的古根海姆美术馆变成了可以理解任何美国客户与其同时代建筑之间复杂关系的某种符号一样。

一方面，格瓦思米（Gwathmey）和西格尔（Siegel）对赖特的古根海姆博物馆的扩建工程引发了有意思的悖论，人们对扩建方案的批判其实是源自对原设计的敬畏，然而早在30年前，赖特设计的建筑落成之时也同样遭到批判，与此同时，对美国现代标志性建筑保护的问题得到强调。

另一方面，盖里近期设计的古根海姆项目表明，业主宁愿选择远离美国大陆的地方进行尝试，获得公众认同和商业价值。

这种胆怯似乎映射出以经济和学院派为代表的普遍保守的观念，遗忘了一个世纪之前美国梦孕育的乌托邦思想，也忘却了从沙利文（Sullivan）到巴克明斯特·富勒（Buckminster Fuller）和伊姆斯夫妇（Eameses）对建筑形式与新技术关系的探求。

这种过分沉迷于形象表现的状态，一方面，可能引发的倾向是对建筑壮观形象和商业影响力的关注，比如麦克·格雷夫斯的迪斯尼项目，约翰·雅尔德（John Jarde）设计的商场和盖里的近期项目，在设计语言上没有实质上的差别；另一方面，它似乎又反作用于现代主义，其惯性很大程度上提升了美国建筑师的专业水平，从贝聿铭和西萨·佩里到拉菲尔·比尼奥利和理查德·迈耶。

思想开放且精明的业主，容易实现并推出具有高品质和可靠性的建筑，然而单一的短暂流行的风格，难以泯灭人们共同的梦想与对创新的类型和形式的需求。

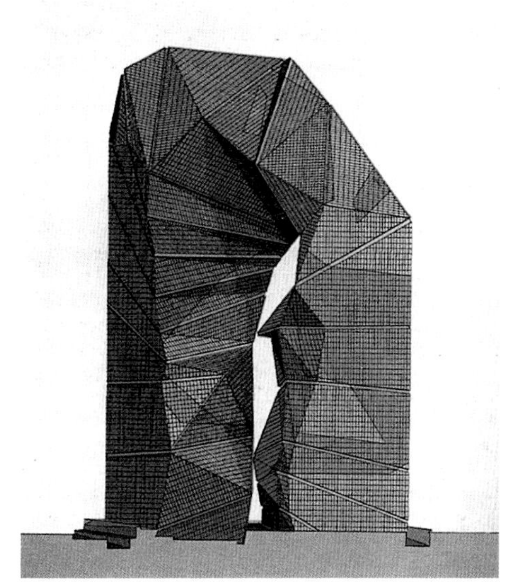

彼得·艾森曼

莱因哈特复合大楼（Max Reinhardt Haus），柏林，1992年

由此看来，我们又一次面临这个存在已久的难题——如何在我们的时代确定纪念性建筑的当代价值，如何确定这些建筑的象征性和空间品质，使其能获得整个社会的认可。

在洛杉矶，理查德·迈耶设计的盖蒂中心，或是拉菲尔·莫尼奥设计的新天主教教堂以及弗兰克·盖里设计的迪斯尼音乐厅可以被视为纪念性建筑吗？或者真正的纪念性建筑应该是大型的基础设施、信息高速公路、像马卡多和西尔韦第（Machado and Silvetti）设计的纽约罗伯特.F.瓦格纳公园那样的新城市公园，商场、主题公园，或是散落在大都市周边的普通住宅。

如此多的极简主义建筑去物质化的外表，弗兰克·盖里最近作品的有机表皮，迪勒+斯科菲迪奥建筑公司（Diller+Scofidio）想要让建筑漂浮在瑞士的沙泰尔河上而设计的蒸汽云，以及网络中的虚拟公共空间，这些作品似乎显示出向世外桃源进发的趋势，这是一个轻率而危险的方向，趋向于表达个人感受而非共享，只是促使建筑及其不合意的重力消失，而没有为了赋予生活新的交流和利用的空间进行探讨。

所罗门·R.古根海姆博物馆扩建，纽约州，1982—1992

ADDITION TO THE SOLOMON R. GUGGENHEIM MUSEUM, NEW YORK，1982—1992

格瓦思米与西格尔建筑师事务所（Gwathmey，Siegel & Associates Architects）
项目建筑师：J.阿尔斯拜科特（J.Alspector）
结构：塞韦鲁·塞盖迪（Severud—Szegedy）

古根海姆博物馆的扩建工程，可以被看做是第一个真正在美国引起公众对北美文化标志建筑的修复和改造展开讨论的项目。

回想该博物馆在1959年开放时，其设计者赖特也曾遭到猛烈的批评，形势真是发生了戏剧化的扭转。

原建筑由两个横向连接的圆形结构组成，1963—1969年的第一次主要扩建在由塔里艾森工作室指导完成，根据赖特先前的方案，在建筑后面增添了一栋4层的建筑。

在89大街看扩建部分

古根海姆博物馆及其扩建与现有建筑及中央公园的关系

博物馆的现代艺术藏品与日俱增，还收集到了重要的唐恩豪泽（Thannauser）藏品，需要扩大展陈空间，因而占用了行政办公的空间。

20世纪70年代和80年代期间，在古根海姆董事会新的文化宣传策略的推动下，博物馆的知名度日益提升。从20世纪80年代初开始，董事会主要在托马斯·克雷恩斯（Thomas Krens）的领导下，将赖特设计的古根海姆转变成全球范围内最重要的文化“跨国公司”的中心。

博物馆存在的问题是，建筑材料损耗的状况严重（由于使用了廉价的材料，导致建筑产生许多潮湿问题，天窗和窗户也缺乏隔热性能），并且博物馆容纳的各种藏品需要进行有序的陈列。1982年，格瓦思米与西格尔建筑师事务所接受委托，对博物馆进行修复和扩建，这一次的工程持续到1992年。

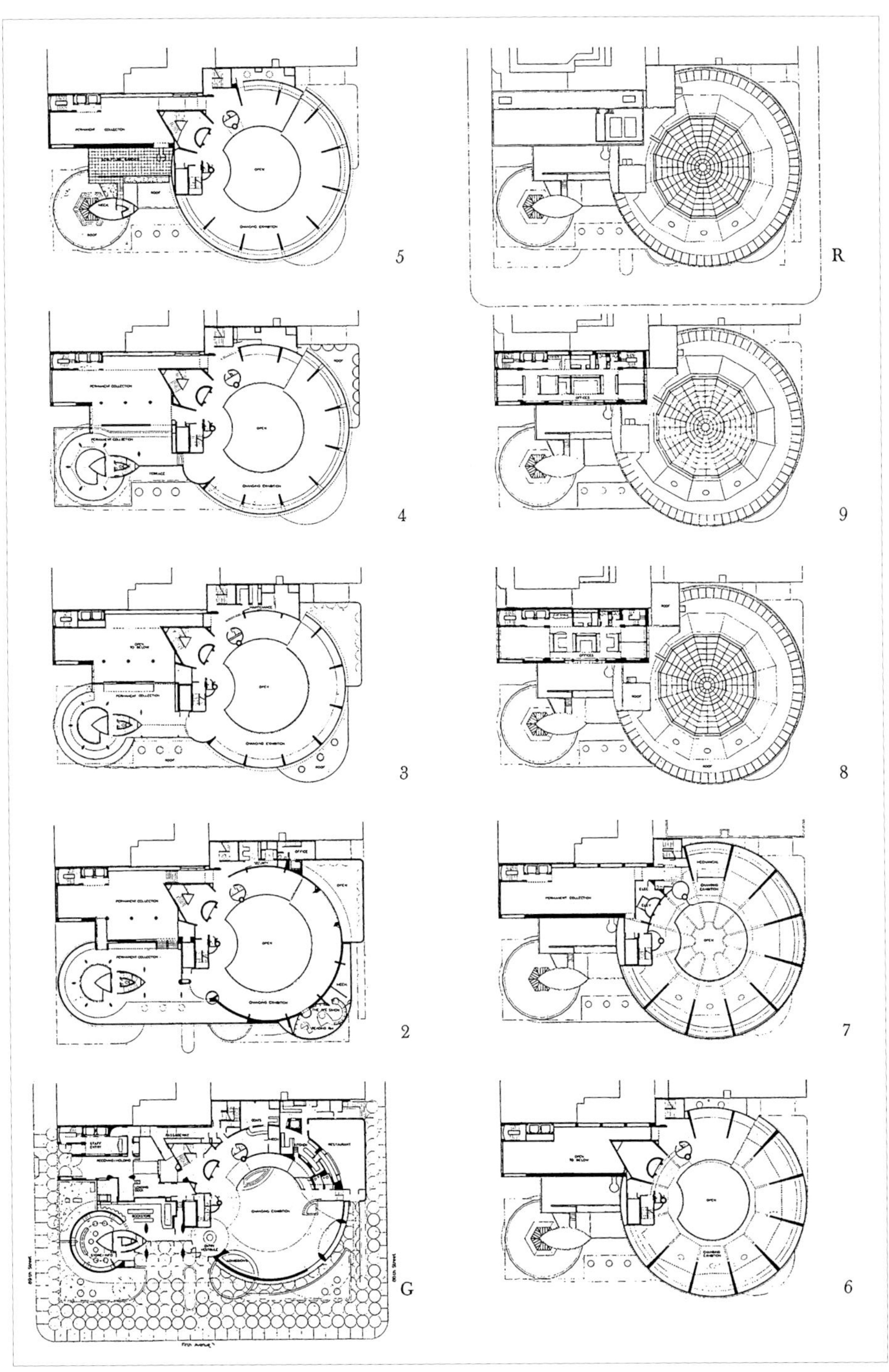

一层G到屋顶R的平面图

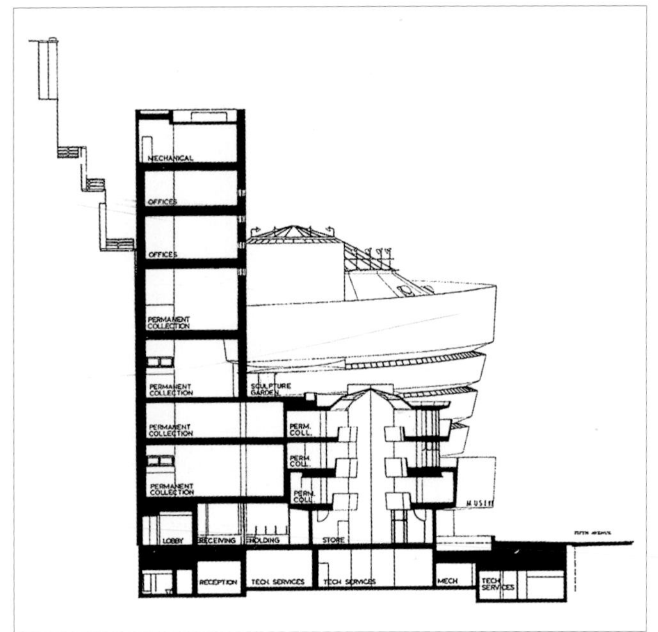

永久性陈列展厅新空间的横剖面　圆形大厅与新展览空间之间的室内通道

第二次扩建同样延续了赖特设计的模型的轮廓，以20世纪60年代的扩建为基础，改造加固地基以承载一栋10层的楼房。

因而，整个设计使展览空间增加了一倍，储藏区扩大，图书馆和档案室的位置被重新布置，同时增加了书店和餐厅的面积。设计自始至终完全忠实于赖特最初的设计，多处重新利用了原来的家具和材料。

新的高层建筑与两个圆形结构自然衔接，试图构成一个新的展览单元，从外观上看，它坚决不去破坏赖特的博物馆的宏伟体量，这种决心超过了所有其他的设计决策。

沿89街立面的细部

修复后的屋顶

小圆厅的楼梯间

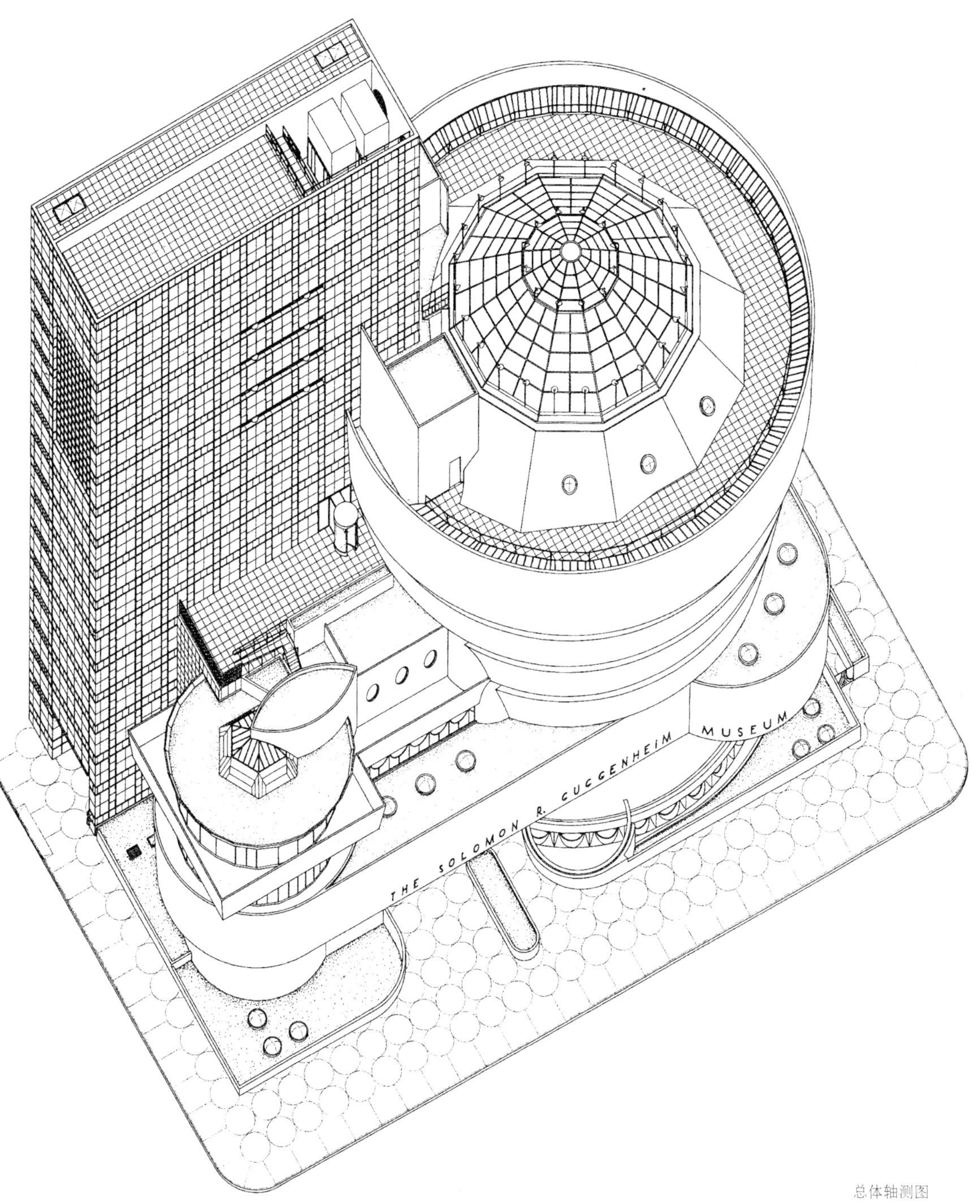

总体轴测图

▲ 楼梯间内部

▶ 新展厅与既有空间的关系

▲ 常设展的新大厅

与扩建部分相连的圆厅

▶ 新入口坡道

盖蒂中心，
加利福尼亚州，洛杉矶，1984—1997

GETTY CENTER,
LOS ANGELES，CALIFORNIA，1984—1997

理查德 · 迈耶及其合伙人事务所（Richard Meier and Associates）
理查德 · 迈耶和D. E. 巴克（D. E. Barker），M · 帕拉迪诺（M. Palladino）
景观设计：埃梅 · L. 文普莱事务所（Emmet L. Wemple & Associates）

“在我的脑海中浮现出一座优雅而永恒的古典建筑，在原始质朴的山体环境中展现出宁静而完美的姿态，一种亚里士多德的结构，融入到周围的景观中。”

理查德 · 迈耶在1984年第一次游览圣莫妮卡山之后，曾经这样描述他的构想。新的盖蒂中心即将在这里兴建，这段话完全体现出项目设计的灵魂和精髓。

它是美国最反传统、多变的城市中的一座新的艺术卫城，盘踞在山顶，由白色石材与钢材建造，在这里人们可以将洛杉矶的城市景观尽收眼底。

盖蒂人文与艺术史研究中心

博物馆和研究建筑组群占地面积110英亩（约44.5公顷），经历了漫长的设计和经营过程，开工14年之后，终于落成向公众开放。

严格的建筑法规限制了建筑的高度和大小，建筑群依山就势，在南部的两个山脊之间构成一个叉形的布局，俯瞰洛杉矶城区，完全满足了建筑组群的设计要求。

总体布局使得参观者只能乘坐在山下始发的轨道电车到达盖蒂中心，而电车站直接与圣迭戈高速公路衔接，并配备了地下停车场。

特别设计的通往中心的路径，将盖蒂中心的建筑群渐次展现在游客面前，平台和花园更提供了饱览洛杉矶壮丽景观的视野。当你开车快速前往盖蒂中心，到达它的附近，会觉得这里仿佛一座防护卫城的古代城堡。接着从停车场

出来，随着参观人流进入通廊，这里的电车带你缓缓地驶向建筑群的侧翼。到达广场后，游客可以一瞥观众厅、博物馆区入口和信息中心，远处是研究学会。经由一条简单自然的流线，游客从到达处穿过博物馆庭院，直到一系列俯瞰洛杉矶的露台，人们能够体会到设计者在协调建筑群的几何结构与自然地形上的良苦用心，不断地将新建筑的视野引向周围的景观。

整个建筑群基于必要的功能分区，旨在为所有公众提供活动空间，诸如博物馆、观众厅、花园和各类餐厅，以及盖蒂各类藏品的研究者和管理人员的办公用房。

事实上，游客可以自由地出入这些分布在各个建筑之间的平台、花园和开放空间，或者走进两层博物馆之间的大厅，博物馆根据藏品的类型和时间顺序布展。二层展出的是绘画作品，以自然光照明，而摄影作品、实用艺术藏品和雕塑安排在一层和地下室展出。

另一方面，研究机构的核心是盖蒂人文与艺术史研究中心，布置在另一个山脊之上，与其他建筑稍有隔离。研究中心是内向的建筑布局，以藏书超过100万册的巨大的中央读书馆为中心。材料的选择强调了建筑之间的等级关系，博物馆和其他主体建筑以毛糙的石灰岩贴面，室内和服务区表面则交替采用灰泥和钢板饰面。

盖蒂中心与城市和区域的关系

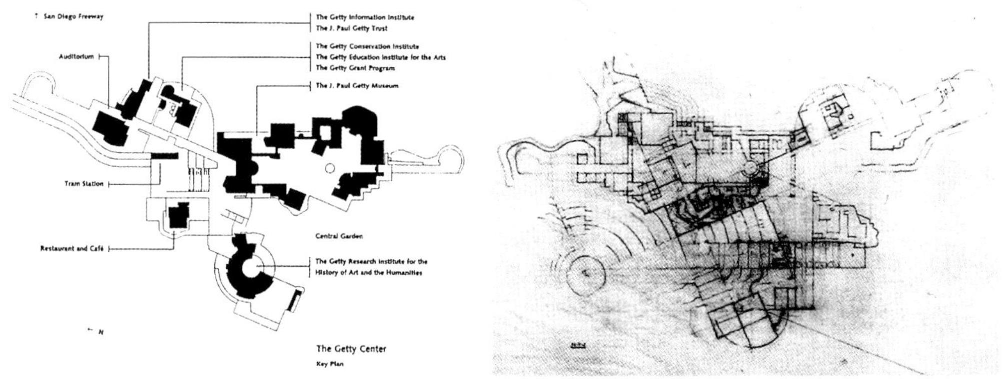

总体布局、总体利用

总体布局分析草图

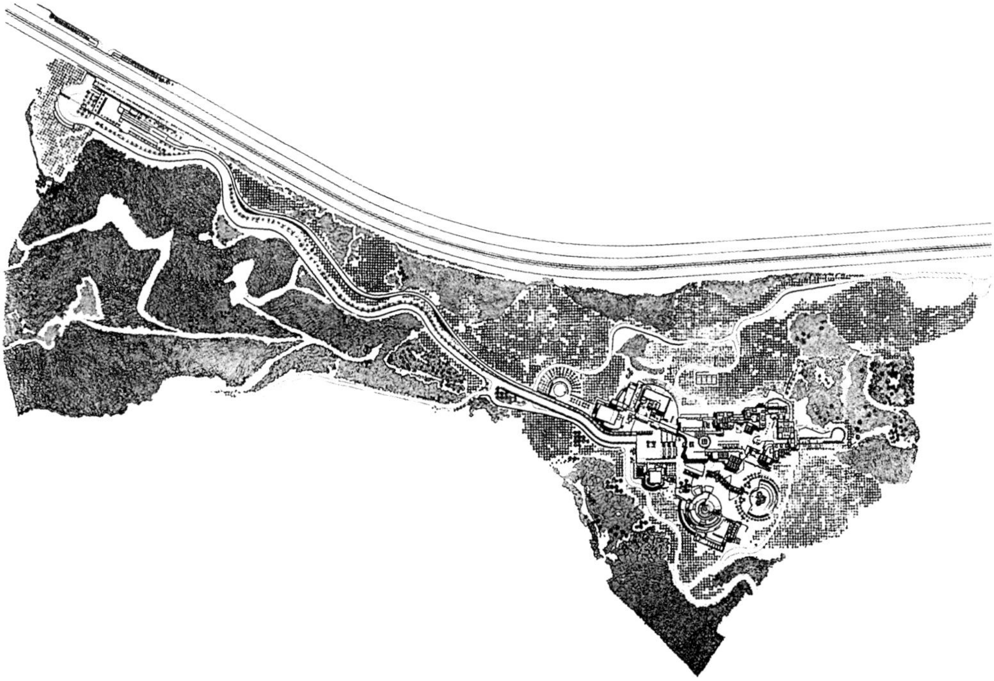

总体布局平面图

总体轴测图

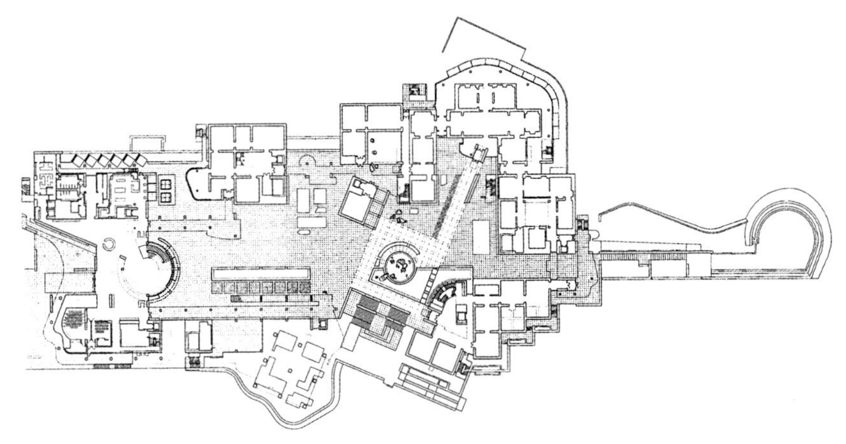

入口层平面

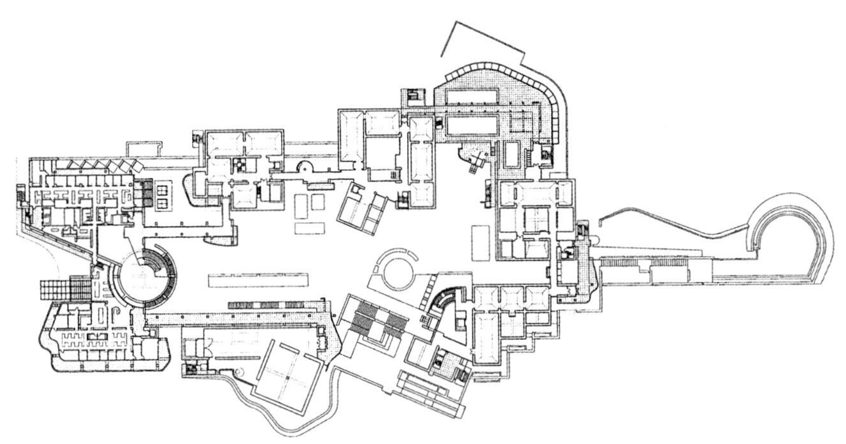

上层平面

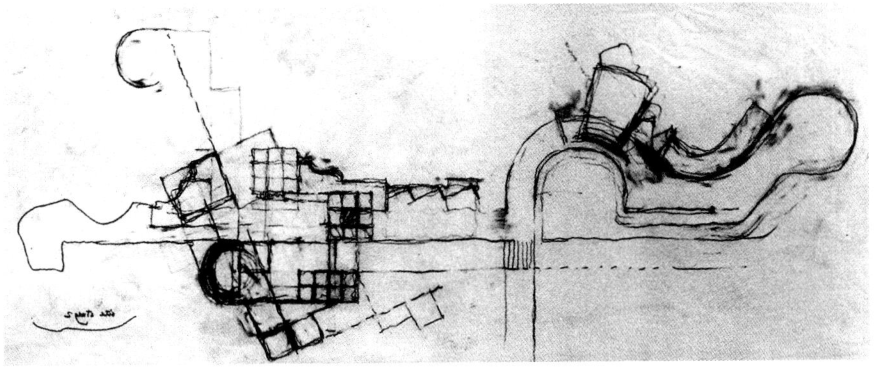

分析草图

盖蒂人文与艺术史研究中心图书馆室内

从餐厅看礼堂和盖蒂保护研究所

博物馆中心庭院南入口

博物馆中央大厅

从内庭院看博物馆

通往博物馆的走廊

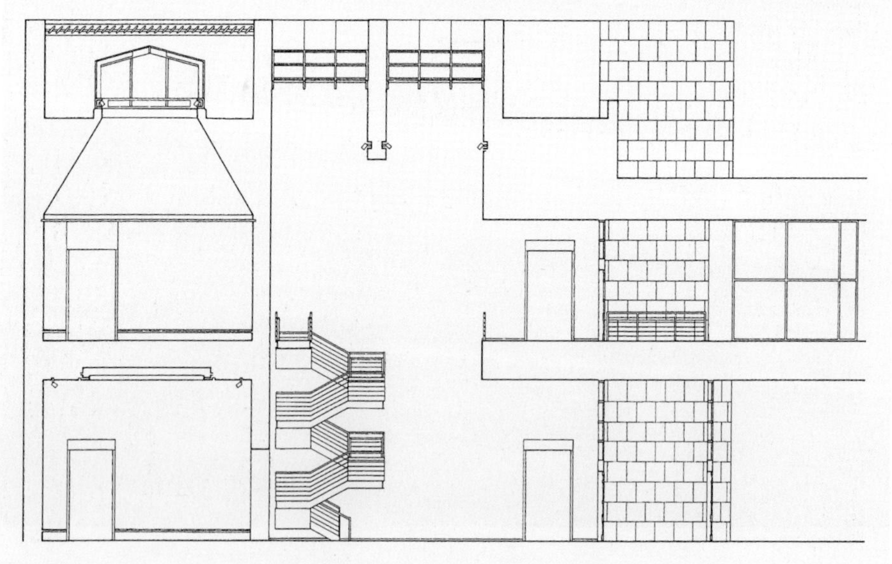

展览空间横剖面

博物馆一个画廊的室内

摇滚乐名人堂博物馆，
俄亥俄州，克利夫兰，1987—1995

THE ROCK AND ROLL HALL OF FAME AND MUSEUM,
CLEVELAND, OHIO, 1987—1995

贝·考伯·弗里德事务所（Pei, Cobb, Freed & Partners）
贝聿铭与L·耶布森，M·弗兰，R·迪亚蒙，J·萨热，W·科肖尔，R.P·麦迪逊
（L.Jaebson, M. Flynn, R.Diamond, J.Sage, W.Kosior, R.P.Madison）

各种变形、相互组合的元素构成一种真正的形式爆发，体现了摇滚乐势不可挡的力量与摇滚乐名人堂博物馆的重要意义，它是一个大型的娱乐中心，同时也是一个新的城市标志，以振兴克利夫兰远郊俯瞰伊利湖的地区。

这些体量汇集成一个50多米高的钢筋混凝土塔楼，塔楼包含主要的服务空间和电梯，巨大的玻璃三角屋顶，倾斜45度，作为入口大厅同时也罩住了各个展示空间，参观者每次在这里出入都可以俯视宏伟的中央空间。

一条靠近外部的路线贯穿了博物馆空间和娱乐功能空间，在视觉和声音上形成隔离，在这里人们可以在理想的环境中欣赏“正在上演”的音乐，剧场设置了360度投影屏幕。更大的展示空间位于湖面之下的地下室。

博物馆入口广场

这条路线的终点是名人堂——位于塔楼顶端的安静之所。这里展示了许多最重要的唱片收藏。

将基本的几何形式转化成城市秩序的组成元素，建筑师的这种能力曾经在更重要的项目——巴黎卢浮宫扩建中展现出来。他给这个坐落于伊利湖岸上14000平方米的体量赋予了意义，没有让它沦为好莱坞“大杂烩”中的一部分，在这个充满想象的世界里，到处是娱乐与文化的混合体。

博物馆与湖的关系

从街道通往博物馆的坡道

博物馆与城市的关系

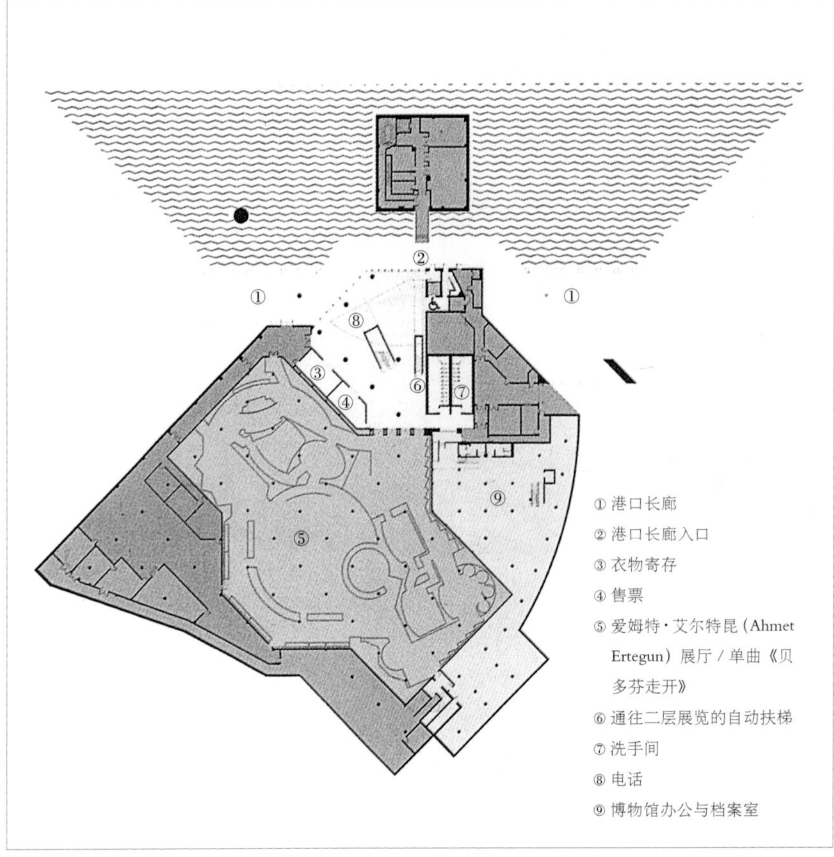
①
②
③
④
⑤
⑥
⑦
⑧
⑨
① 港口长廊
② 港口长廊入口
③ 衣物寄存
④ 售票
⑤ 爱姆特·艾尔特昆（Ahmet Ertegun）展厅 / 单曲《贝多芬走开》
⑥ 通往二层展览的自动扶梯
⑦ 洗手间
⑧ 电话
⑨ 博物馆办公与档案室

地下室平面

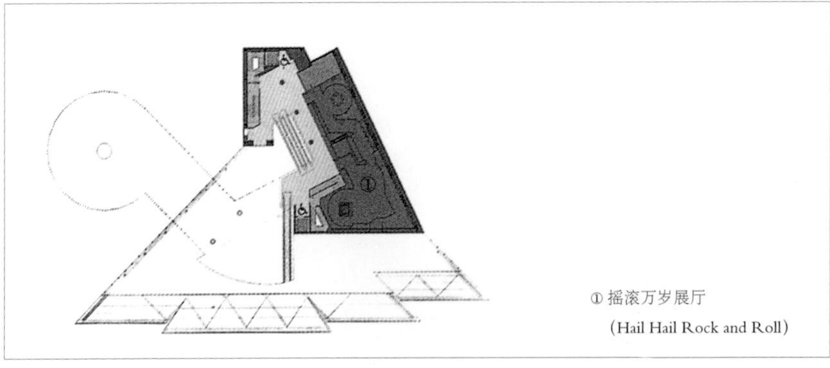
①
① 摇滚万岁展厅
(Hail Hail Rock and Roll)

二层平面

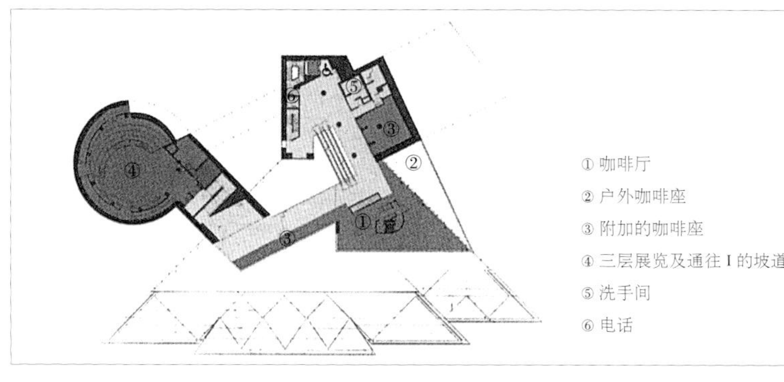

三层平面

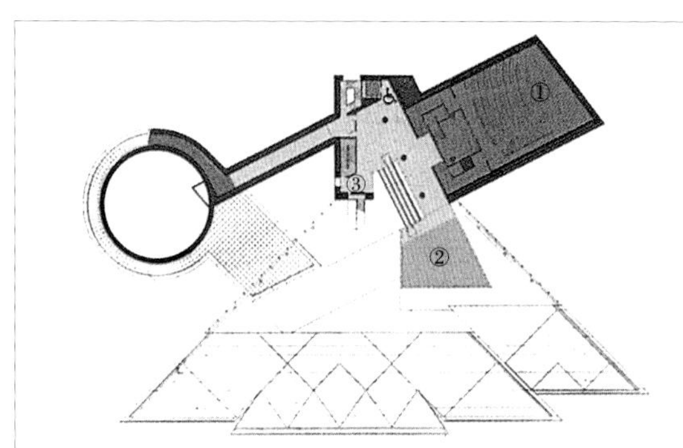

① “只有摇滚乐”电影院
② 展览
③ 通往名人堂门厅的楼梯

四层平面

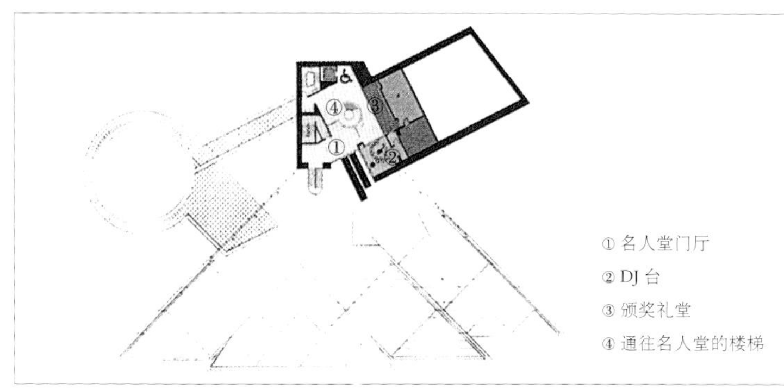

五层平面

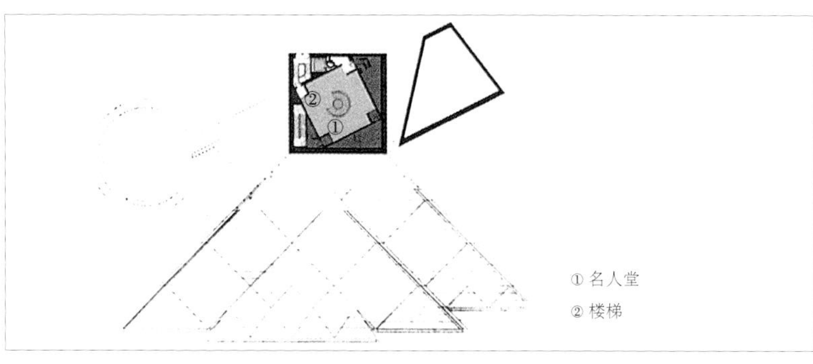

六层平面

大厅室内

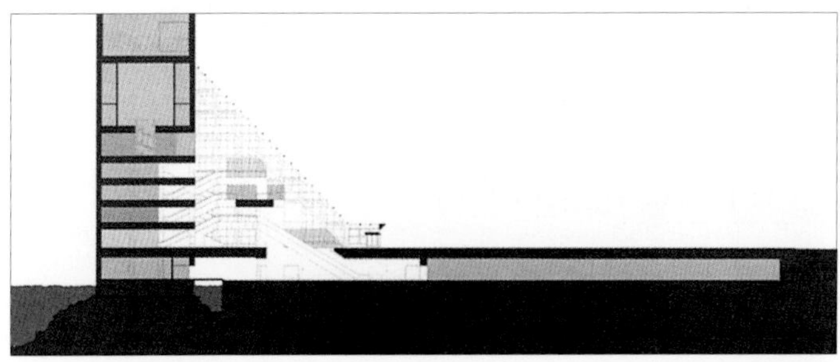

横剖面

主厅

国家银行社团中心，北卡罗来纳州，夏洛特，1987—1992

NATIONSBANK CORPORATE CENTER, CHARLOTTE, NORTH CAROLINA, 1987—1992

西萨·佩里及其合伙人事务所

西萨·佩里与F.克拉克，T.杜拉（F. Clarke, T. Dula）

结构：沃尔特·P.摩尔事务所（Walter P. Moore & Associates）

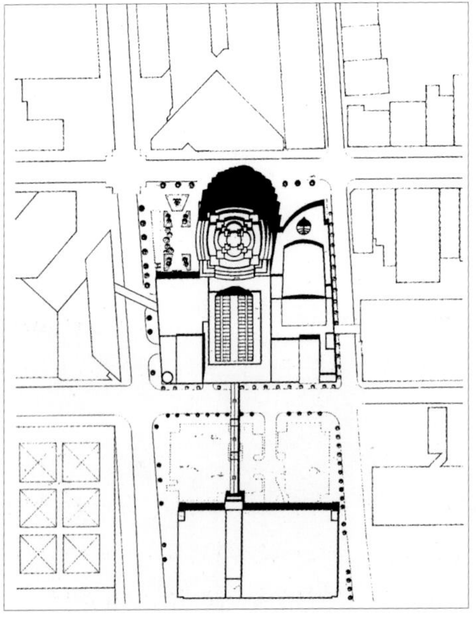

总平面布局

创始人大厅街景

国家银行社团中心位于夏洛特市历史上著名的金融核心地段，这个项目可以算是西萨·佩里从纽约世界金融中心与马来西亚吉隆坡双子大厦之间过渡的设计作品。

建筑设计在结构、语言和组织上是一个“传统的”摩天楼，高大的60层塔楼用作国家银行的总部，一层与巨大的覆顶的公共空间连接，代表了20世纪80年代和90年代初美国城市摩天楼中一种有意义的创新。

塔楼底部，875英尺高度的表面上覆以浅米色花岗岩，其色调逐渐变浅直至过渡到玻璃和铝合金立面，这种弱化塔楼最上部体量的做法与在纽约（世界金融中心）采用的手法相反，那里的深色屋顶倾向于标志出塔楼不同的标高和几何形体。

摩天楼的一层是创始人大厅，一个巨大的公共空间，其设计意图旨在激活夏洛特市的艺术与商业活动的复兴。这个公共空间直接与相邻的北卡罗来纳州布卢门撒尔表演艺术中心——一栋主要用于娱乐和健身的建筑连接。

国家银行全景

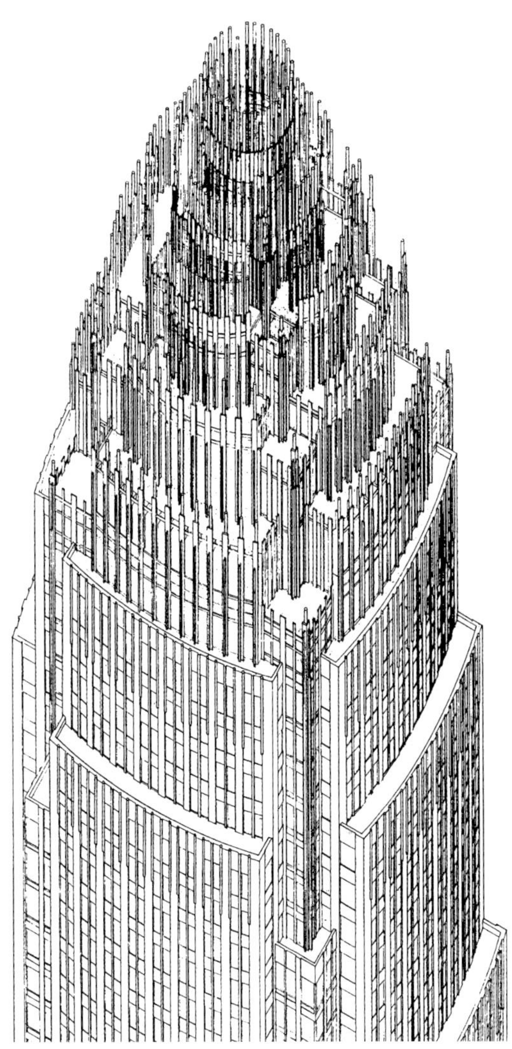

塔顶细部

创始人大厅被设计成一个被玻璃拱顶覆盖的巨大空间，它既是国家银行员工的入口门厅也是一个公共表演的场所，此外，它的轴线正对塔楼，各种聚合的体量将它转变成整个综合体的主导元素。

与创始人大厅相连的是用于商业活动的街头购物中心（Overstreet Mall），它在城市地面标高之上，通过若干升起的通道与综合体外部空间联系。

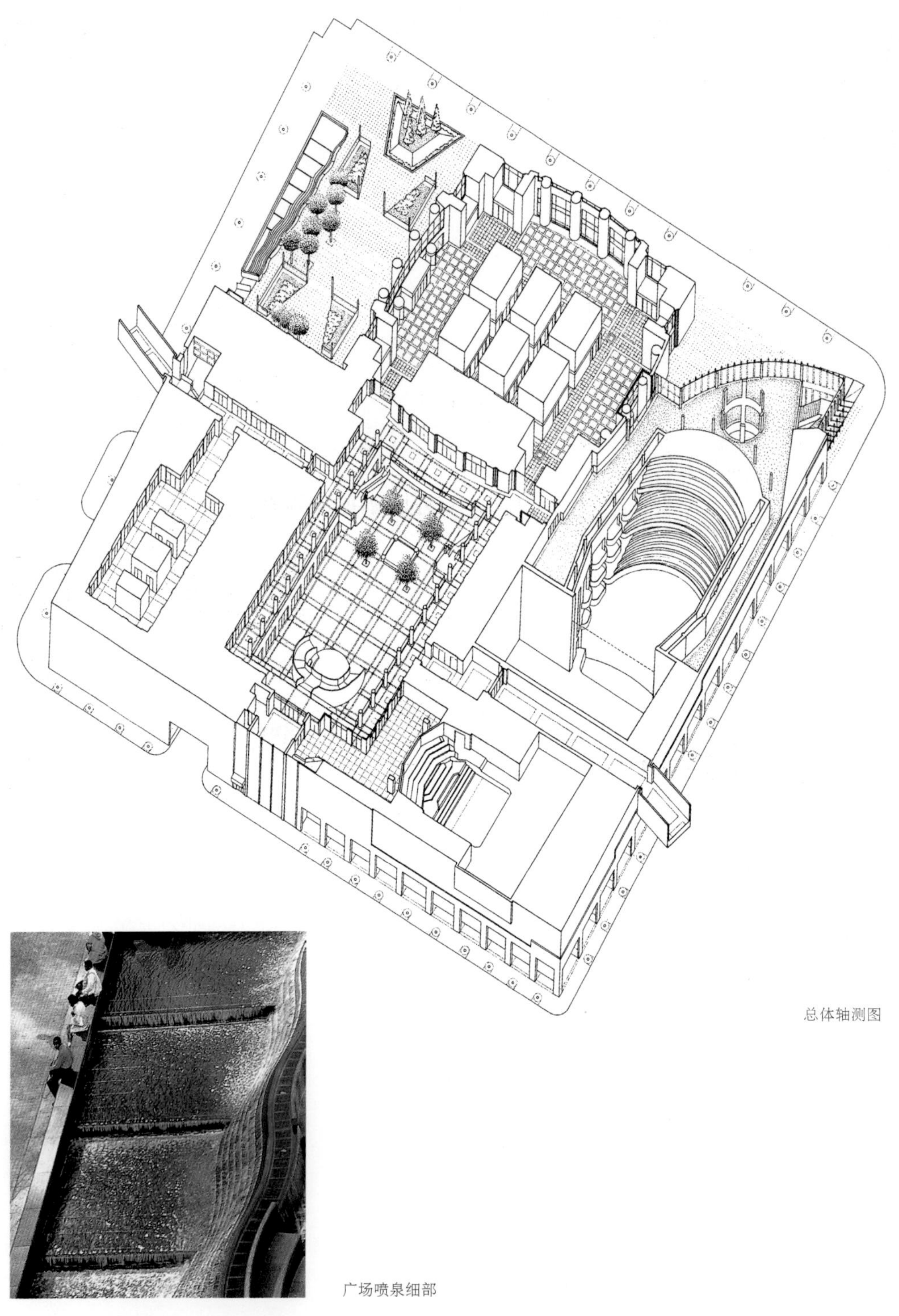

总体轴测图

广场喷泉细部

与国家银行相连的广场

▲ 全景

▶ 表演艺术中心

ARTS CENTER

▶ 从主中庭看创始人大厅

◀ 国家银行社团中心
和表演艺术中心

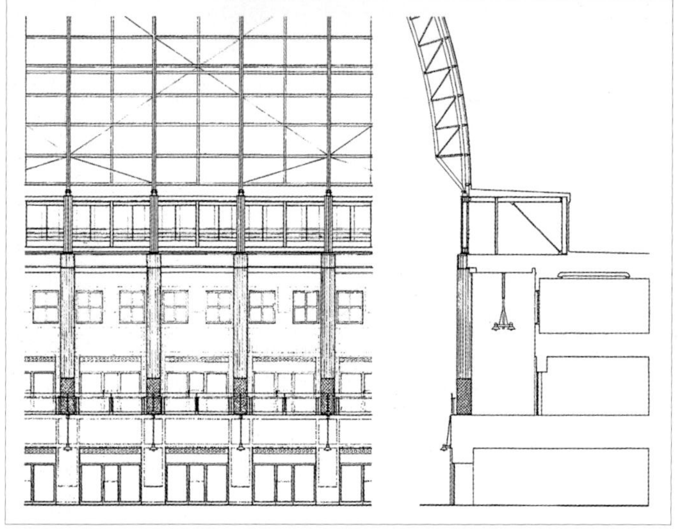

◀ 中庭横剖面

▼ 创始人大厅正立面

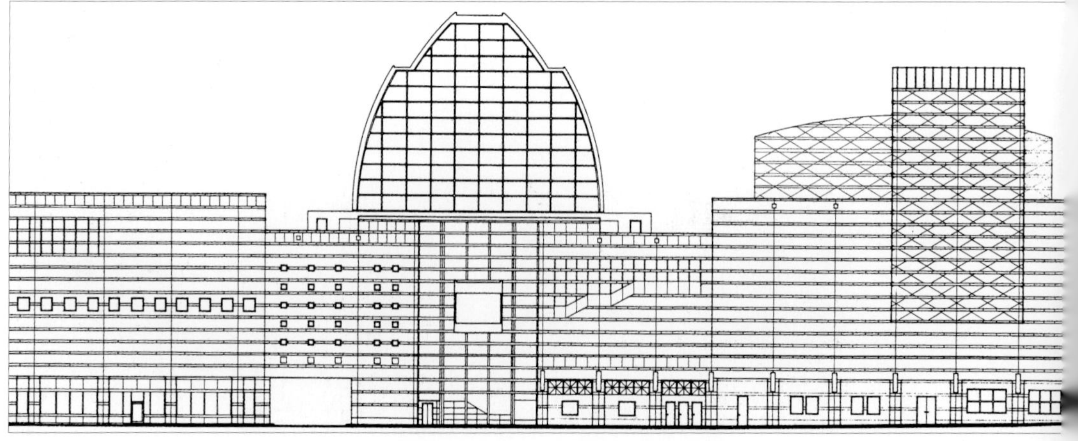

观众厅

塔楼一层室内

电梯厅

帕尔默体育场，
新泽西州，普林斯顿，1998

PALMER STADIUM,
PRINCETON, NEW JERSEY, 1998

拉菲尔·比尼奥利建筑师事务所
拉菲尔·比尼奥利与Chan-Li-Lin
结构：桑顿·托马塞蒂结构与工程设计集团（Thorton Tomasetti Eng.with Structural Design Group）

这座普林斯顿大学校园中的新体育场，看起来完成了创建它的预定目标：要成为国家最重要的大学体育场；接替建于19世纪末和20世纪初的老帕尔默体育场；能够容纳45000名观众。

这座新的标志性体育建筑，建造在上座体育场曾经坐落的区域。它以古典的结构理念展现出恢弘的姿态，非常有效的剖面组织可以承接持续不断的客流，同时融入了周边的景观。

体育场差不多是面向卡内基湖的，与其他运动休闲功能的建筑设施一起布置在校园边缘。

体育场主入口

田径赛场看台屋顶

体育场和田径赛场

分析草图 / 两个运动场的关系

这栋建筑像一个宏伟的古希腊竞技场，外立面巨大的门洞让人联想到入口，透过门洞可以眺望到运动场，纵览赛场和低层的露天看台。

这个项目与20世纪80年代至今由西尔韦第与马卡多工作室带领重新编制的普林斯顿总体规划（一个300公顷的区域和另外200公顷的大学用地）相协调，像比尼奥利和罗伯特·文丘里这样著名的设计师也参与了规划，以新的建筑组合重新定义了校园的边界，与持续发展的城市中心发生联系。

在过去的几十年里致力于美国大学建筑设计的比尼奥利工作室，习惯于直接参与项目特色的开发过程，他们就体育场的结构和组织征求专家的意见，得到了最终的解决方案：将田径赛场与足球场地分开，利用旧建筑结构做表面，创造出两个并置的新的体育设施。

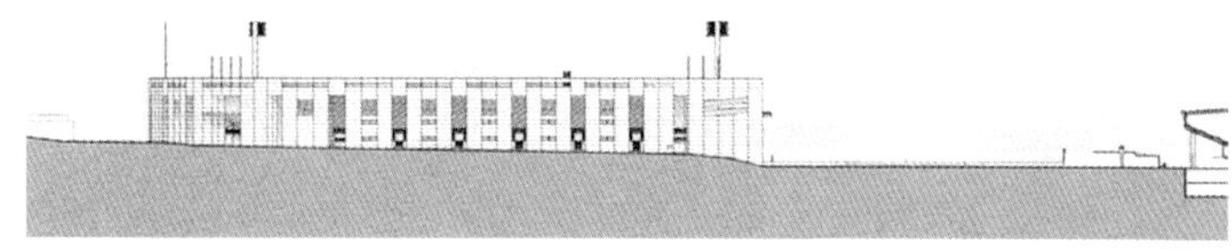

场地正面

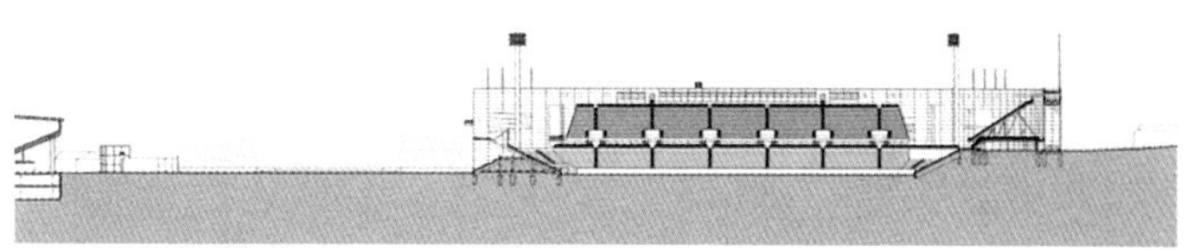

纵剖面

在各种大学设施和综合建筑中，体育场被认为是最具视觉冲击力、最易识别的象征之一，具有强烈的当代技术和结构之感的设计，看起来同样能够与东海岸校园建筑的传统形象相协调。

体育综合体以两个特色鲜明、紧密相连的建筑组成：第一个场地用来进行足球比赛，能容纳3万名观众；第二个场地用于田径比赛，观众席则少很多。体育场结构类似于竞技场，短边一侧嵌入了遮蔽田径赛场看台的屋顶结构，田径场的布局与足球场垂直。

从体育场外部看，它由预制的承重混凝土板组成，表面喷砂处理，一系列连续的巨大的垂直门洞引导观众进入俯瞰赛场的看台，观众也可以由此进入一条直接设置在观众席下方、环绕整个体育场的通道。

为了呼应周边校园建筑的立面，看台座席被设计成分开的两组，上层看台的设计别具一格，设置了钢柱的采光系统和与外围结构相连的桥，中间层的设计既是观众通往上层看台的通道，又保留了眺望周边公园的持续的景观视野。

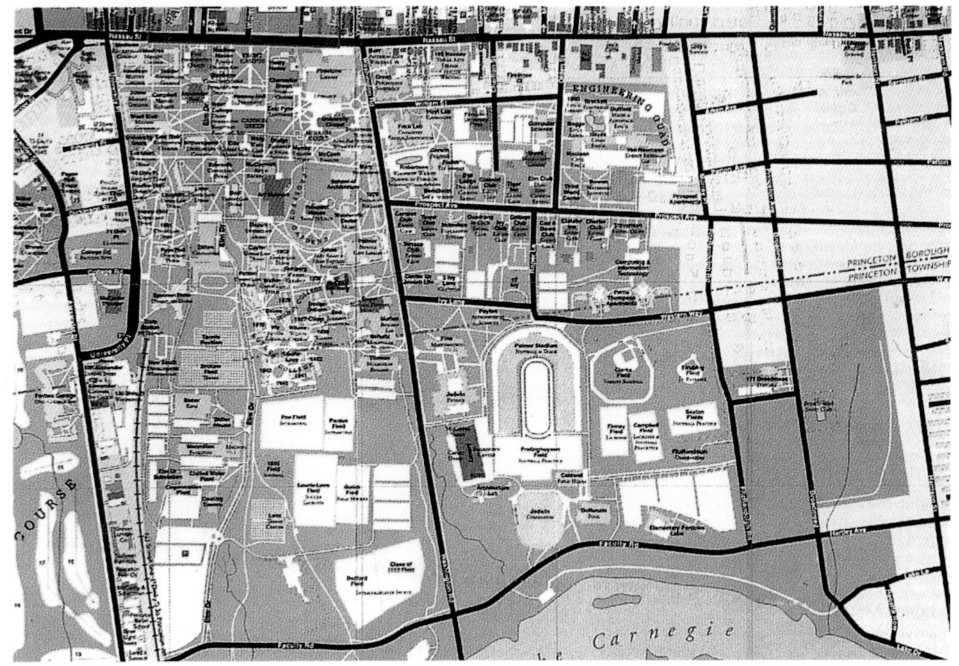
ENGINEERING QUAD
PRINCETON BOROUGH
PRINCETON TOWNSHIP
COURSE
Carnegie

总平面图

分析草图 / 全景

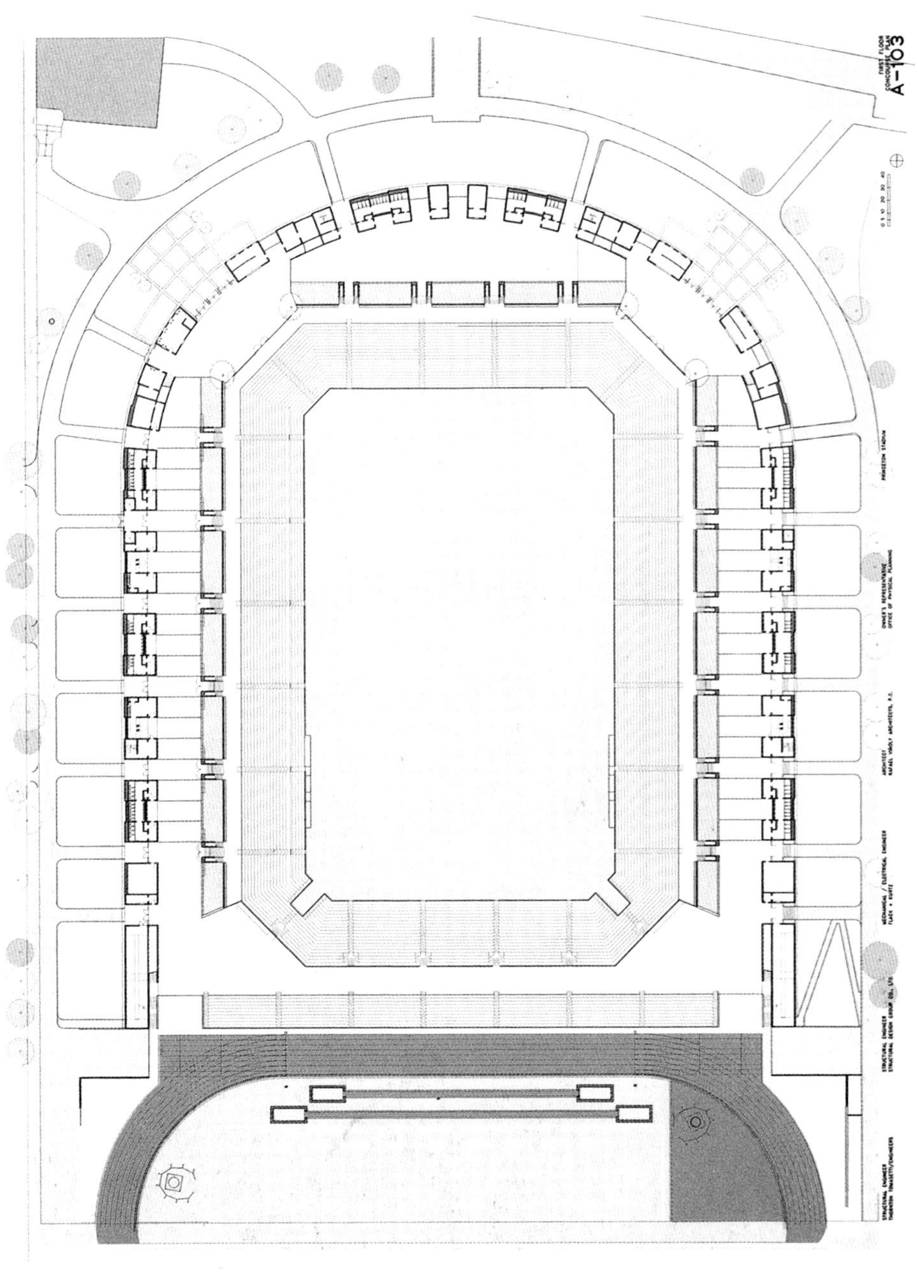
A-103
FIRST FLOOR CONCOURSE PLAN
PRINCETON STADIUM
OWNER'S REPRESENTATIVE
OFFICE OF PHYSICAL PLANNING
ARCHITECT
RAFAEL VIÑOLY ARCHITECTS, P.C.
MECHANICAL / ELECTRICAL ENGINEER
FLACK + KURTZ
STRUCTURAL ENGINEER
STRUCTURAL DESIGN GROUP CO. LTD
STRUCTURAL ENGINEER
THORNTON TOMASETTI/ENGINEERS

平面图

体育场及其周边的公园

覆顶的人行道

覆顶的人行道和升起的连桥

升起的看台和公共通道

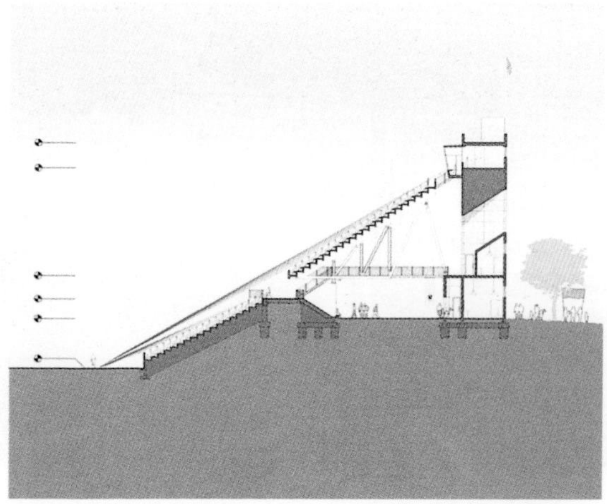

看台横剖面

体育场内部通道与看台之间的联系

罗伯特·F.瓦格纳公园，
纽约，炮台公园，1992—1996

ROBERT F. WAGNER JR PARK,
BATTERY PARK CITY, NEW YORK, 1992—1996

马卡多与西尔韦第建筑师事务所（Machado and Silvetti & Associates）
合作：P·洛夫格伦，D·多尔扎尔，E·吉布，N·德里兰尼（P.Lofgren, D.Dolezal, E.Gibb, N.Tehrani）
景观设计：欧林合伙人事务所（The Olin Partners）
花园设计：林登·P·穆勒园林设计（Lynden P.Muller Garden Design）

受20世纪90年代初金融危机的影响，炮台公园的建设进程缓慢。就公园规模和公共空间的多样性来说，炮台公园已经成为纽约尤其是曼哈顿地区，最有可能与中央公园媲美的地方。

沿哈德逊河岸分布的一系列开放空间中，下城区南端的罗伯特·F.瓦格纳公园无疑是其中最重要的一个。它坐落在罗奇与丁克勤事务所（Roche & Dinkerloo）设计的大屠杀博物馆和炮台公园之间。

公园鸟瞰

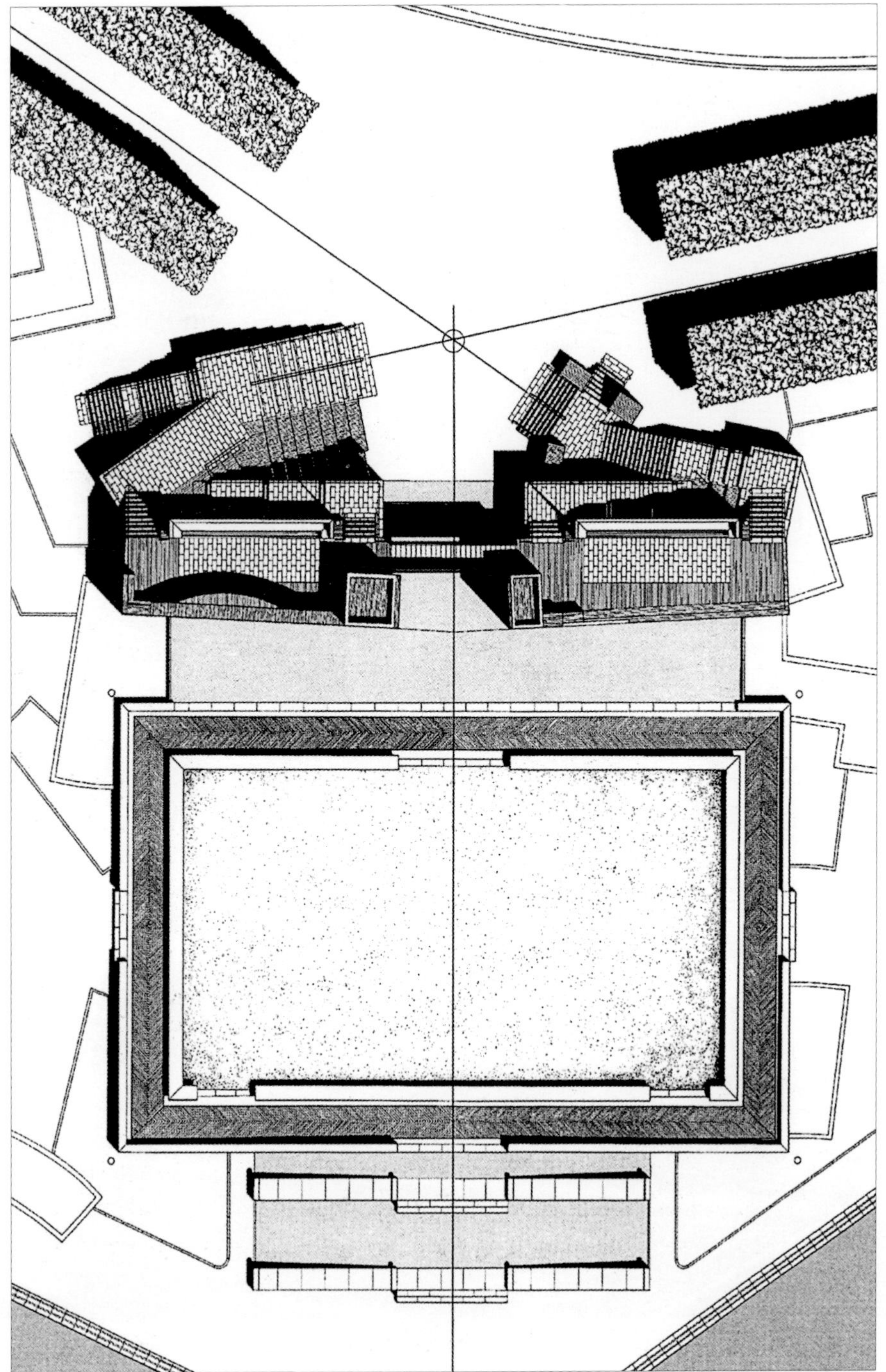

罗伯特·F.瓦格纳公园总体布局

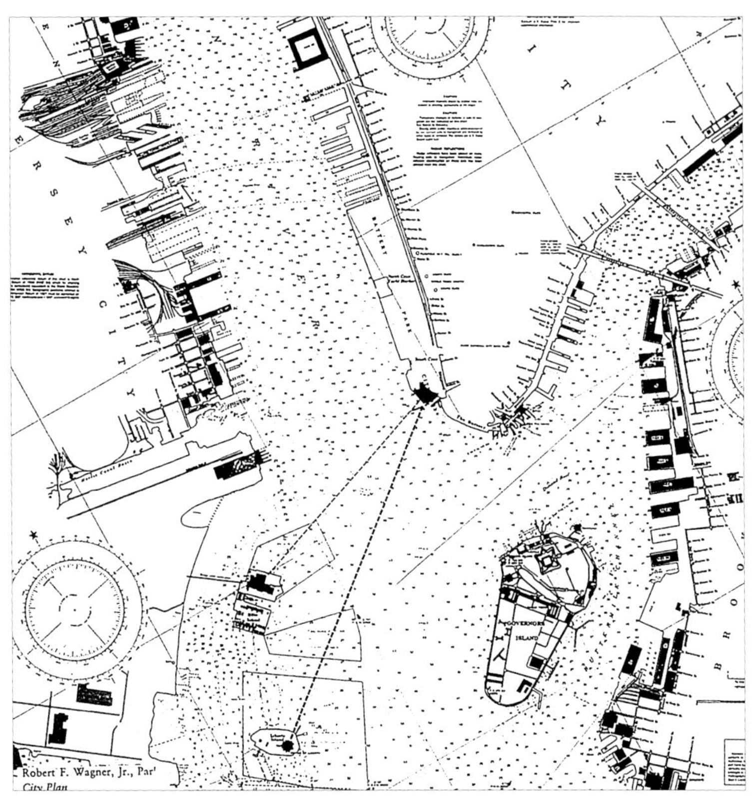

公园与城市布局的关系

这块3.6亩的用地，其所处位置和周边的环境都非同寻常。它自身就具有双重身份：既是一个公园，也是一个码头。它的总体结构和独特的建筑策略正是基于这种双重身份。

这个项目以3个组成部分为基础：两条通往公园主入口的步行道，将来自炮台公园和炮台地的道路连接起来；两座以桥相连的亭子构成了公园的中心，其中容纳了服务设施和一个咖啡馆；以连续的长椅为界构成的巨大的绿色平台。

Y形布局构成了公园的中轴线，同时将视觉焦点汇聚到远处的自由女神像上，将它作为建筑介入的区域中真正的核心。

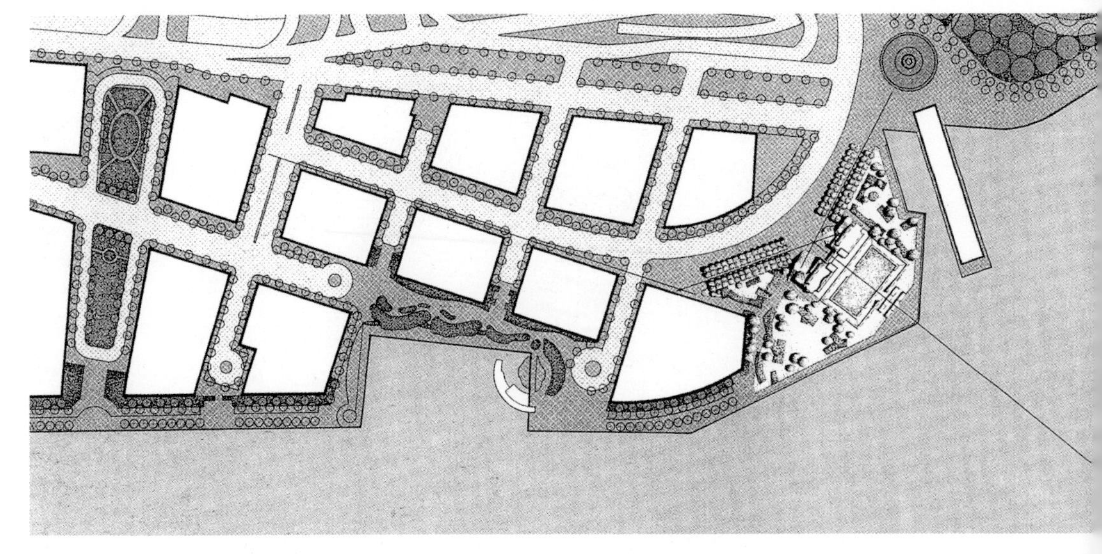

炮台公园和罗伯特·F.瓦格纳公园及南部街区平面

首先在设计的最初阶段参与进来的，不仅包括马卡多与西尔韦第工作室，还有景观设计师汉纳/欧林以及园林设计师林登·穆勒。他们对各种相关的错综复杂的社会因素展开了激烈的讨论，随即得出了明确的结论：公园的组织必须在一个方向上与自由女神像建立视觉联系，在另一个方向上与纽约港构成联系。

公园中唯一的建筑是给那些在湖边散步的人们设计的，为他们提供了观赏这些城市景观与美国标志物的独特视野。

建筑被设计得像一个气势恢宏的砖石遗址，通过上部的平台在中央架起一座连桥。

这种“考古遗址”的设计意图，是“挡住”下城区宏大的建筑体量，对于哈德逊河畔上的双子大厦、尤其是那些建于19世纪末20世纪初的厚重的砖石摩天楼带来的压迫感，有些许缓解的作用。

绿色平台上的长凳的细部

一个不规则的结构，平台分别与上面两个5米高的露台相连，后面的两个楼梯可以通往露台。两个平台之上都安置了长长的木质座椅，是真正能够让人放松下来到宝座，可以眺望到不同的景观：首先，是南向巨大拱门框景出的埃利斯岛；其次是北向的开阔视野和加弗纳斯岛。在平台中央，沿整个公园的轴线方向望去，可以看到自由女神像。

从市区看亭子

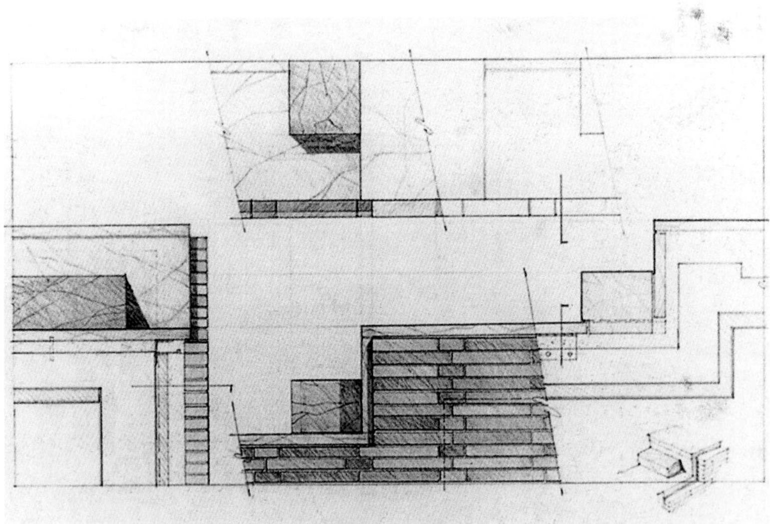

亭子与台阶的建造细部

◀ 亭子与绿色平台

▼ 分析草图

亭子上层座椅细部

通往公园的露台细部

第二章

批判地域主义

CHAPTER TWO
Critical Regionalism

一排排木屋无限延伸，整洁漂亮。每个木屋外围有一个院落，没有围墙，常规的样貌，很显然，一切都是那么和谐自然，还有割草机在嗡嗡作响。镜头穿过这些，沿着茂盛的青草顶部游走，最后定格在一个出人意料的物体上：一只被人砍下的残耳。

这就是大卫·林奇的电影《蓝丝绒》里让人印象深刻的一组镜头。和其他20世纪80年代后期的电影一样，这部电影里日常生活普通的画面中交织着疑虑、恐惧和不确定性，并伴着这些走向高潮。

美国梦在至少30年前破灭，20世纪80年代末的经济危机，人们对外来事物、异类或反常现象的恐惧慢慢导致美国社区邻里间大门紧闭，全国各地都散布着保安，曾经一直是美国特色的具有集体和社区意识的精神渐渐衰落，电影《楚门的世界》中人们渴望逃往漫画般的乌托邦世界，与其类似的电影作品也遍布美国各地，从佛罗里达到加利福尼亚。

举例来说，一个重要因素就是20世纪80年代末和90年代初，“新城市主义”和“蔓延”在文字上的盛行，这两个术语被大量用来解释城市现象，二者直接对立，一方可能是另一方的直接后果，不管是哪种情况，它们都至少使传统的城市概念和阐释工具陷入危机。这些城市动力来自于一种北美社会的有趣进化，从这些动力内部，我们可以发现美国物质文明发展史最具连续性的一个要素：独户住宅，它是美国大地景观中一个持续不变的要素。

1998年，MoMA举办了以当代独户居住生活方式为主题的展览“今日生活”，与这次展览形成鲜明对比的是，建筑文化在类型和结构主题方面的发展明显滞后，而且这种滞后无法弥补，19世纪的几乎所有建筑都停滞不前，尽管最近宜家和《WallPaper》杂志对这种滞后有所“粉饰”。

来自文化、经济和种族角度的阻力在美国各州和大都市蔓延，而与其并存的是生活习俗和空间的普遍全球化。

洛杉矶暴乱，1992年

这也是过去10年中最有趣的现象之一：一方面，目标、品味和情趣的全球化势头突飞猛进，与此同时出现的是一种寻求认同感和环境归属感的社会反应。这种社会反应时常被朴素的民俗魅力所掩饰，从主题公园或购物中心到学术上对传统技术和材料的重新发现，从大地母亲的空间神秘性和对美国土著居民物质和艺术史的重新分析，到个人在一个民族中自我根源的重估，这种重估不仅能提升物质上的灵活度，也能促进社会的流动性。

我们可以看出，早在20世纪中期的加利福尼亚，美国建筑文化就呈现出一种蕴藏着保守思想内涵的地域特征潮流。这种潮流是对现代城市和被强加的欧洲先锋派实验建筑思想的一种反应，然而路易斯·芒福德（Lewis Mumford）却对这种无秩序的反应做出更为精确和高明的阐释。20世纪30年代至40年代末，芒福德在其关于地域主义的著作中提出一种思路，重新评估了独特文脉的本质，重新评价了与现代人生活质量相关的物质和环境历史的积极作用。这种思想成为战后美国人文主义的一条“主线”， 在现代主义和保守主义之间开拓了“第三条路”，尊重人们对环境归属感和传统的需求，同时也让人们平静地体验到自身的现代性。

从20世纪80年代初开始，这种设计思路和理论便受到不断更新的 “批判地域主义”的强化。“批判地域主义”使得一部分年轻的北美建筑师的作品受到

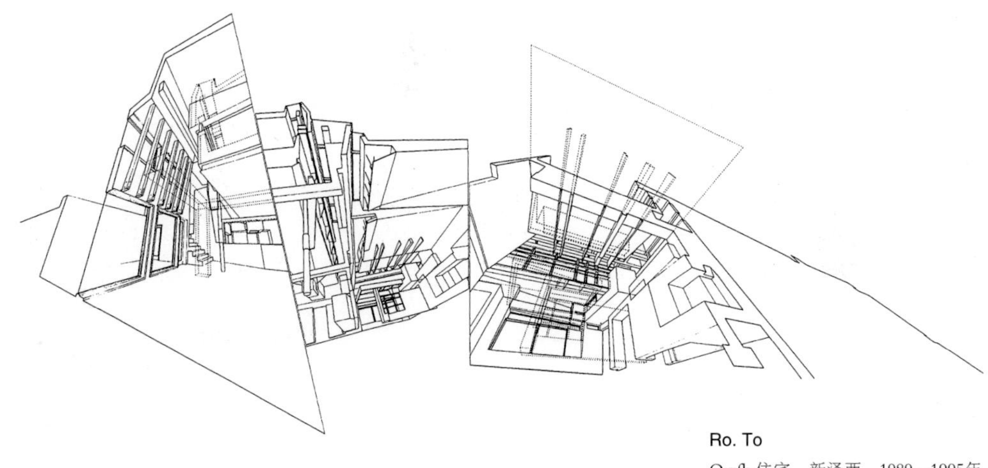

Ro. To

Qwfk 住宅，新泽西，1989—1995年

越来越多的关注，其中包括斯坦利·赛陶维兹（Stanley Saitowitz）、亨利·史密斯-米勒（Henry Smith-Miller）、劳瑞·霍金森（Laurie Hawkinson）、帕特考（Patkau）、马克·麦克（Mark Mack）、威廉斯（Williams）和钱以佳（Tsien）、安托内·普雷多克（Antoine Predock）、卡洛斯·吉米内兹（Carlos Jimenez）、Arquitectonica建筑设计公司及斯蒂文·霍尔（Steven Holl）。这些人的作品虽然只是小规模的而且主要在美国“本土”进行，却显露出对环境和建筑设计可持续性的特别关注，注重以新的方法处理社区的概念及建筑空间的物质和感观品质。

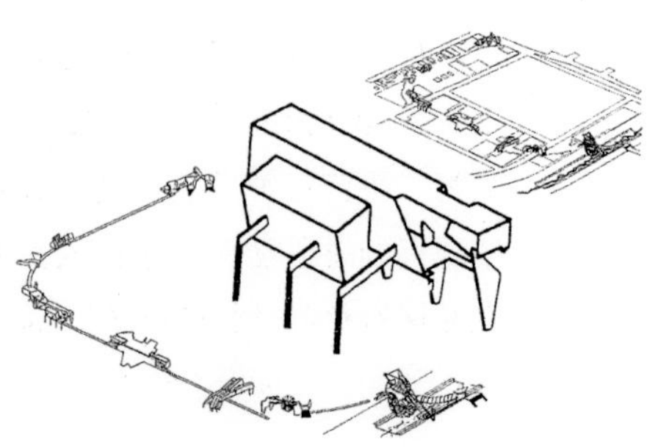

埃里克·欧文·摩斯（Eric Owen Moss）

A. R. 城，卡尔弗城，1998 年

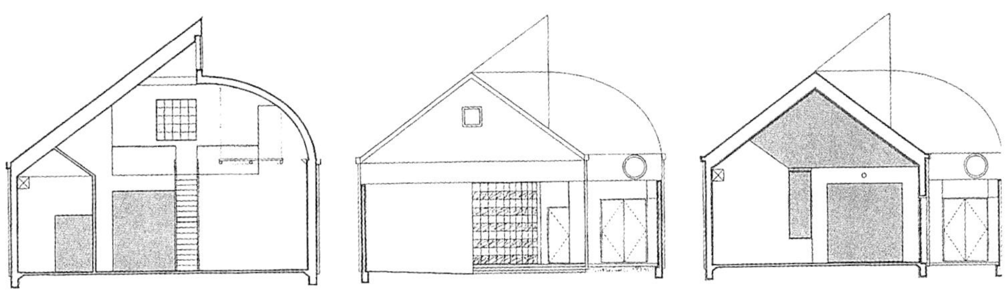

卡洛斯·吉米内兹

休斯敦美术出版社，休斯敦，1985—1987 年

今天，我们可以把这种批判性操作看做是根据后现代主义语言和概念模糊性调整个人目标的一种尝试，与此同时，也可看做是对那些未受到经济、文化权力中心影响地区的重新关注。从现实的角度来看，现在依然有可能通过建筑设计找到一种有效的社会调节方式，在现代性和环境之间进行调节。

20世纪90年代初期，这种新的“政治立场”的衍生与很多评论家的观点势均力敌。这些评论家反对弗兰克·盖里（Frank Gehry）、埃里克·欧文·摩斯（Eric Owen Moss）、墨菲西斯和弗兰克·伊斯雷尔（Frank Israel）在洛杉矶建筑中体现出来的更为都市化的趋势，称其为“肮脏的现实主义”。1988年，菲利普·约翰逊（Philip Johnson）与马克·维格（Mark Wiegly）在MoMa举办的展览上，曾将这种解构主义语言奉为最具国际现代性的新语言。在一个混乱、失控的城市环境下，一种敏锐的、有破坏力的城市建筑成为一种标志出现，或许，从这些建筑上仍能依稀找到1992年“洛杉矶暴乱”的回忆。

另外，当代加利福尼亚的建筑师，尤其是欧文·摩斯、墨菲西斯和Ro. To. 建筑事务所丰富的经历，显示出一种完全不同的创新理念和态度，他们认为，不应把项目仅仅当做对城市空间问题的建筑回应，而应将其当做一个复杂现实的感应器。在这种现实下，每一个现有信号都应被利用，以与大城市相宜的材料和符号创造意义和环境品质。

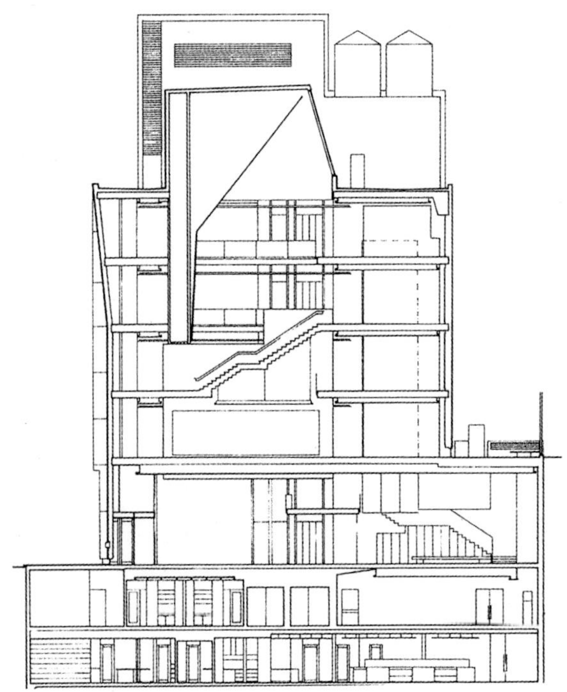

塔德·威廉姆和钱以佳建筑事务所（Wlliams，Tsien）
美国民俗艺术博物馆，纽约，1998—2001年

一个直接例证就是欧文·摩斯在卡弗尔市以毛细作用的方式进行的设计干预。过去10年来，这些干预标志着洛杉矶的经济萧条区在物质和经济上开始复苏，同时也标志着南加州建筑学院从20世纪90年代开始作为一个进行自主实践的实验场的活动已经深深融入洛杉矶的周遭环境。

总体而言，美国人口的76%为城市居民，远高于世界46%的平均水平，而洛杉矶拥有约914.5万居民，纽约市人口为738万。我认为，重要的是从现在起开始把当代的大都市环境作为一个可以利用的悖论，形成能给城市空间创造特色和资源的文化、社会与经济特征。

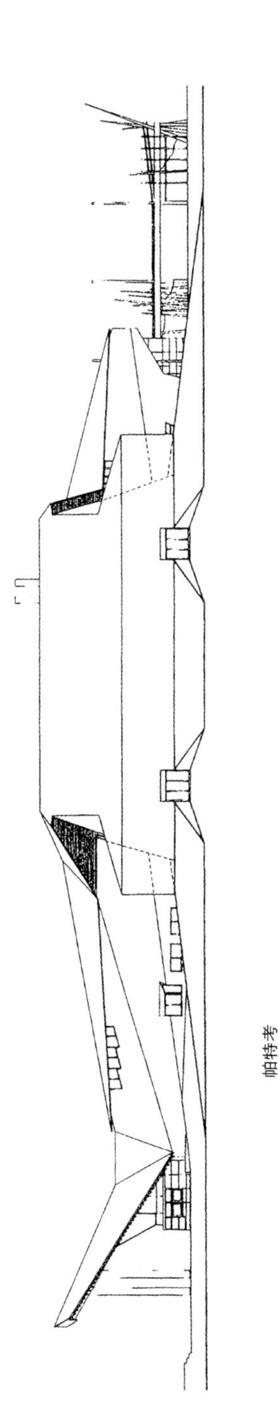

帕特考

海鸟岛学院，阿加西，不列颠哥伦比亚（加拿大），1988—1991年

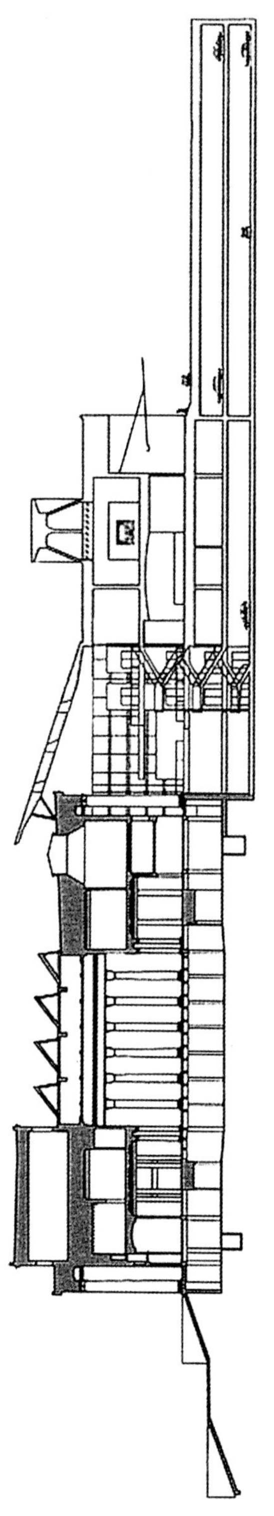

卡洛斯·吉米内兹

尼尔森·阿特金斯博物馆的修缮和扩建，堪萨斯城，密苏里州，1999年

过去10年中，很多美国大都市都经历了引人注目的转变，而我们现在才开始分析这种转变引发的结果。亚特兰大、休斯敦、西雅图、菲尼克斯和波士顿（这里只提出几个例子）正经历着重大变化，大量建筑物的建造与一系列基础设施和公共空间的改造有关。事实上，这些改造把这些城市转变成当代的实验场，非常有助于我们理解在新型、强烈的经济需求和不同社会、不同种族的压力下城市形式的演进。

同时，20世纪90年代初期，在不同建筑师的风格发展和他们对环境的参考中，地域主义的经验不断积累。

同样，这个术语也在不断演化，已经不再包含所有美国建筑中非正统的和地域性的趋势。

如今，差别的因素体现在把精神和物质环境的概念作为设计的核心。为了将现有的技术与可持续性适居的理念结合，人们不断地进行调查研究，而建筑空间必然与这些研究同步。新的功能和建筑类型的实验与变化的社会和经济需求有关，这些实验通过确定断裂的程度并尽量重新建立某些联系，实现建筑与自然和历史环境的融合。

我们不能把当代的批判地域主义的回应界定为一种语言，更确切地说，它是一种方法和一种正确的思维状态。

这些例子中有很多都与地域、城市现实紧密联系。城市的不断扩张、经济规模的不断增长带来社会需求和投资的增长，也强化了大学的教育结构。

美国的一些州，如内华达州、得克萨斯州和新墨西哥州的情况更是如此。这些地区直接受益于1993年签署的北美自由贸易协议、统一的移民规则和信息技术领域的新投资。

安托内·普雷多克（Antoine Predock）、威尔·布鲁德（Will Bruder）、莱克／弗拉多建筑事务所（Lake/Flato Architects）、里卡多·理格瑞塔（Ricardo Legorreta）和阿奎泰克特（Ten Arquitectos）、卡洛斯·希梅内斯（Carlos Jimenez）在美国西南部的实践经验，是引人注目的地域发展的见证，他们决心在轻度现代性、尊重环境和地方传统以及公共和私人建筑空间的感官与精神品质之间找到平衡。

美国遗产中心和艺术博物馆，怀俄明州，拉勒米，1987—1993

AMERICAN HERITAGE CENTER AND ART MUSEUM, LARAMIE, WYOMING, 1987—1993

安托内 · 普雷多克

美国遗产中心建造在怀俄明州大学校园的边上，它是一家研究机构及收藏大学各种艺术藏品的博物馆，这栋建筑大致可以概括安托内 · 普雷多克近期作品的一些特征。

它是一个与周围自然环境完美契合的纪念性的地标建筑。建筑形式的构成与材料、光和象征主义的基本几何形态相互融合，这种构思来自对环境要素的有序组织，内部与外部空间层次的相互渗透创造出非常严谨的建筑结构，同时唤起了强烈的情感。

像近期阿尔托市的斯宾塞剧院和菲尼克斯的亚利桑那科学中心一样，在这个项目中，我们可以清晰地看到康和巴拉干影响下的批判性地域主义方式的尝试。同时，建筑也可以被看做是一个纪念性的元素，与美国壮丽的自然景观构成直接的对话。

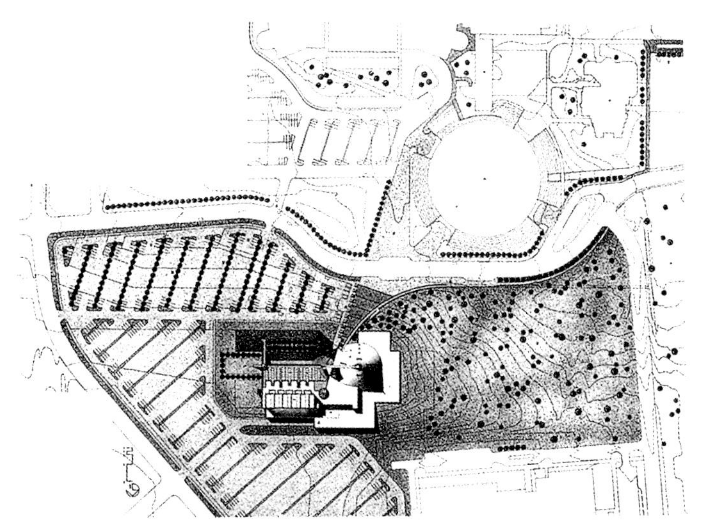

总体布局

为了呼应周边的停车场地，建筑逐层升起形成退台，两部分体量构成L形向露天雕塑庭院开敞。

研究中心巨大的圆锥体覆以铜表皮，混凝土砖砌筑的矮墙则根据设计中标示出来的东西向轴线来建造，这条轴线从锥体中心设置的大壁炉开始形成一条象征性的序列，之后是雕塑露台，轴线终点是可以观赏日出的敞篷。

通过趣味性地运用几何形体和空间序列，建筑象征性与功能性的部分被轻而易举地叠加。

主要方向上的斜线通过一条坡道从停车场指向门厅，门厅同时通往博物馆和研究中心，博物馆通过一条中央走廊进入各个展厅，而研究中心则是以垂直的流线通往围绕巨大壁炉的有序的研究空间。

某些元素的运用成为建筑室内的感官向导：布置在圆锥体中央和博物馆走廊尽端的两个壁炉，各种引入自然光并塑造光线的天井和天窗，还有一些美国传统建筑结构主题的运用。

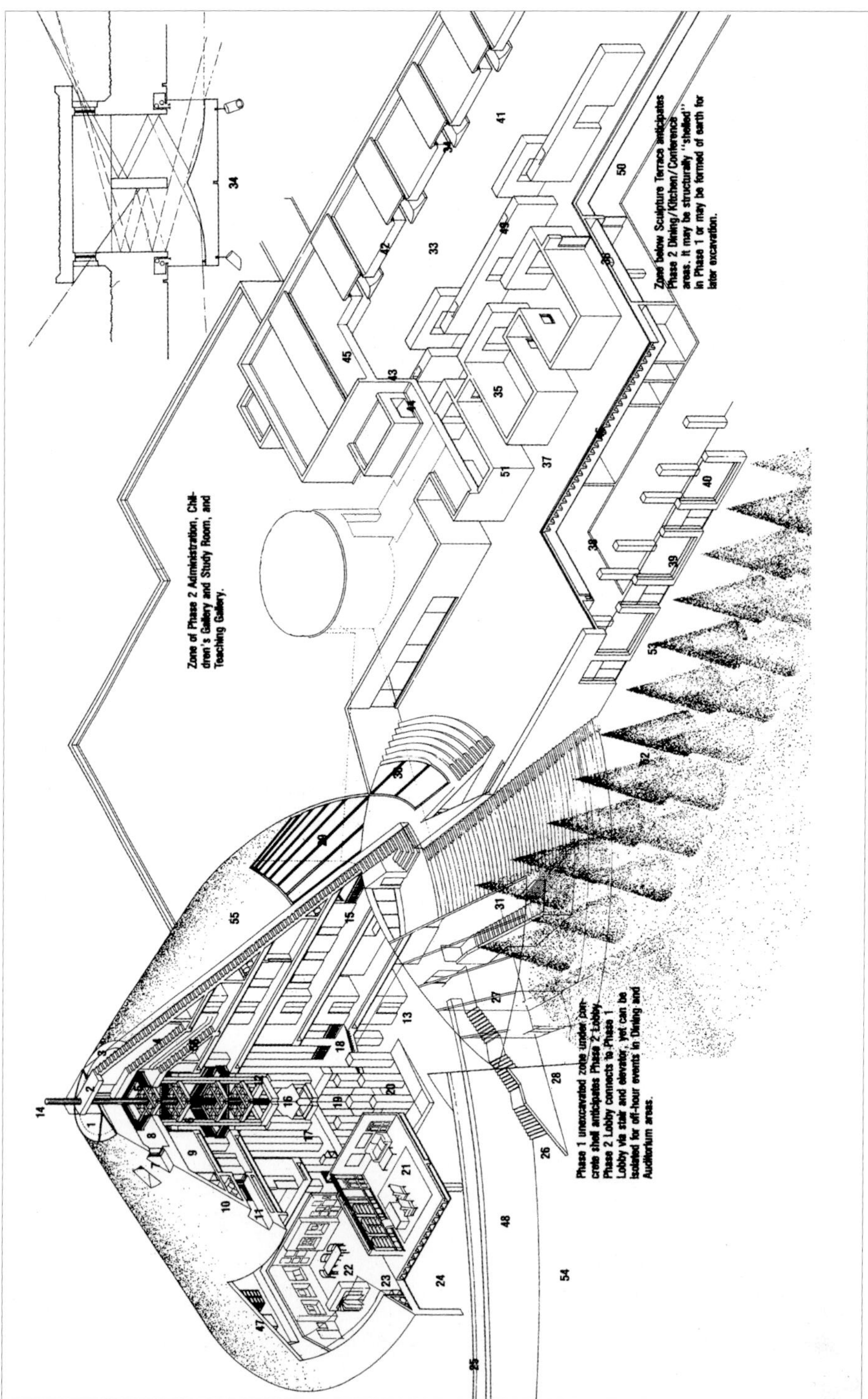
Zone of Phase 2 Administration, Children's Gallery and Study Room, and Teaching Gallery.
Zone below Sculpture Terrace anticipates Phase 2 Dining/Kitchen/Conference areas. It may be structurally "shelled" in Phase 1 or may be formed of earth for later excavation.
Phase 1 unexcavated zone under concrete shell anticipates Phase 2 Lobby. Phase 2 Lobby connects to Phase 1 Lobby via stair and elevator, yet can be isolated for off-hour events in Dining and Auditorium areas.

综合体功能分布轴测图

美国遗产中心及其周边的景观环境

金字塔

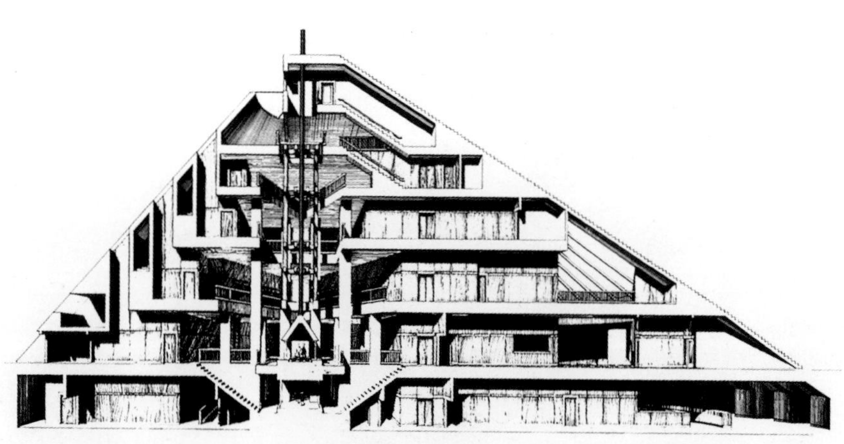

金字塔剖面

金字塔及雕塑花园夜景

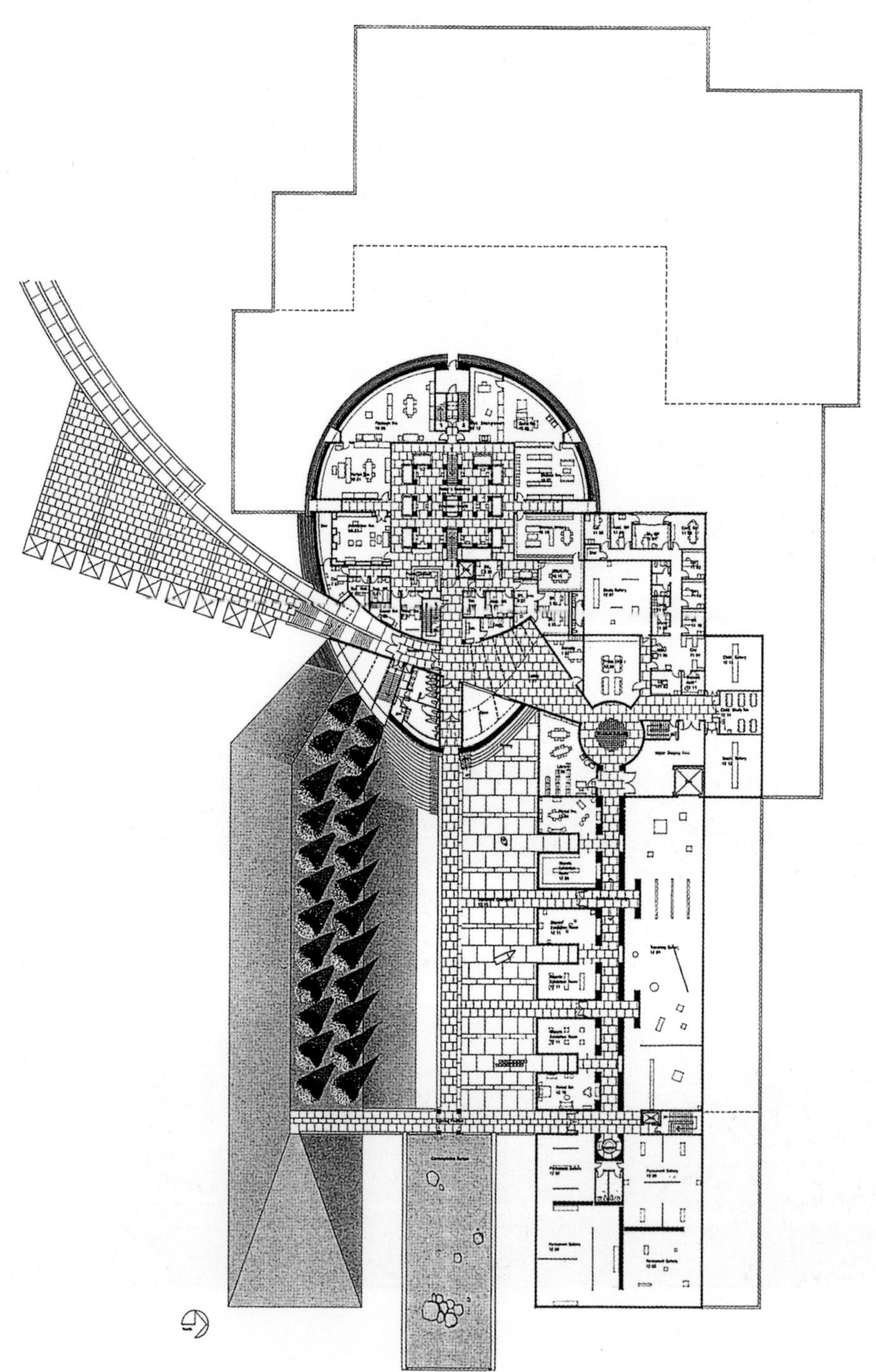

一层平面

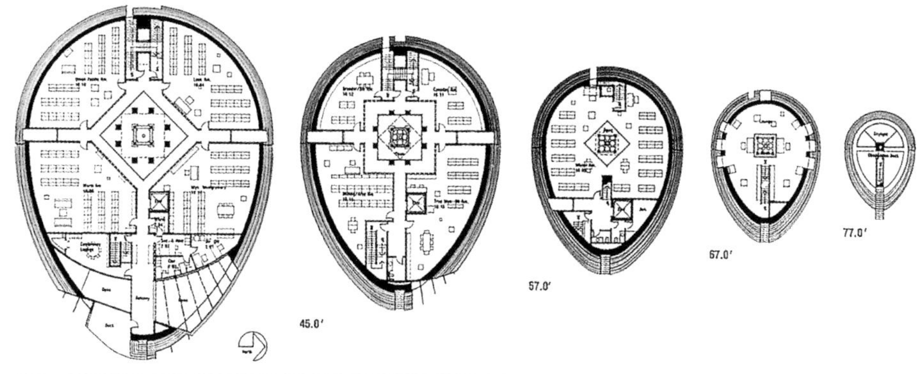

金字塔上层平面

三层露台入口

金字塔入口大厅

一层入口大厅

雕塑花园

烟道和中央壁炉上部结构

金字塔一层的中央壁炉

中央图书馆，
亚利桑那州，凤凰城，1989—1995

CENTRAL LIBRARY,
PHOENIX, ARIZONA, 1989—1995

布鲁德DWL建筑师事务所（Bruder DWL Architects）
合作：W. 伯内特（W. Burnett）

凤凰城新中央图书馆位于城内，是独树一帜的建筑。

这栋建筑稳固地矗立在大地上，拥有坚固的材料和独特的结构，它似乎掠过了点缀在凤凰城中心的几栋摩天大楼，而探求与城市周围群山的对话。

新中央图书馆，与威廉斯和钱以佳在1991年至1996年间设计的凤凰城新艺术博物馆一起，位于中央大街尽端，这条主干道两侧矗立着市中心最为重要和壮观的楼群，而新中央图书馆以其非凡的建筑形象，似乎成为中央大街的点睛之笔。

新中央图书馆是一座为城市设计的民用建筑，旨在为市民提供阅读、学习和查阅图书的最佳场所。

南立面遮阳板细部

新中央图书馆如一叶方舟，是人们逃离周围喧嚣大街的一片精神净土，同时也为读者提供了最佳的阅读光线和阅读环境。

建筑主体根据基本结构和功能布局进行组织，在中央阅读和藏书区的长方形“盒子”两侧形成“口袋”，是图书馆服务区和通向各层的附属通道区。

图书馆立面和内部空间序列的设计也遵循这条原则：东向和西向的长立面覆以不同肌理的铜板，一个钢化面板形成竖向分隔，标示出图书馆的入口。两个短边立面略微退后于铜表皮的立面，北向一侧全部采用玻璃幕墙，南立面则采用机械装置调整太阳光的入射量。

两个玻璃立面展示出图书馆的核心、公共空间系统以及顶层巨大的阅览室。

图书馆中部房间的入口巧妙地利用不同材料、色彩和建筑的空间特征形成序列，显示出对古典建筑的深刻理解，同时也表现出将自然当做一种崇高的情感来源。

从中央大街看南立面景观

图书馆的两个入口在同一条轴线上，略低于室内地面。走进入口，穿过一条黑暗的通道，进入中央大厅。大厅呈峡谷状，自然光从天花板上的天窗倾泻下来，照亮大厅。中央大厅包含了楼梯和主电梯，电梯间布置在一个巨大的玻璃棱柱体内。

大厅让人产生眩晕之感，人们在这里可以一览无余地看到图书馆的内部组织，它简明的结构，以及高处夺目的书的世界。

表面钢材、钢筋混凝土和玻璃与家具的绿色、红色和黄色调交相辉映，这也是由布鲁德设计的。

图书馆的二层是儿童图书区、文献研究区、期刊区。二层往上依次是：三层：行政办公室；四层：演讲厅和亚利桑那收藏品区；而顶层则为阅览室。

从图书馆顶层的巨大空间到入口门厅，我们可以看到建筑的整体设计风格。

访客一眼便能感受到古典空间的比例和节奏，这种比例和节奏塑造了拉布鲁斯特图书馆的空间，同时从巨大天窗倾斜下来的自然光线也体现出古典元素。

钢筋混凝土的柱网将大厅分隔，在这里可以透过北向和南向的巨大玻璃窗俯瞰城市，特别是可以眺望周边的群山。

在天花板与柱子的交界处，布鲁德创造出最后一个、也最为强大的张力：钢材料的柱顶并未触及天花板，与侧墙直接相连的钢缆消解了所有的结构张力。柱子看起来正对天窗，这些天窗是小的玻璃开口，只有在夏至时才能有一缕阳光穿透，使钢柱头的温度变得极高。

一个当代的“宇宙轴心”试图将一座现代建筑与大地及其历史联系到一起。

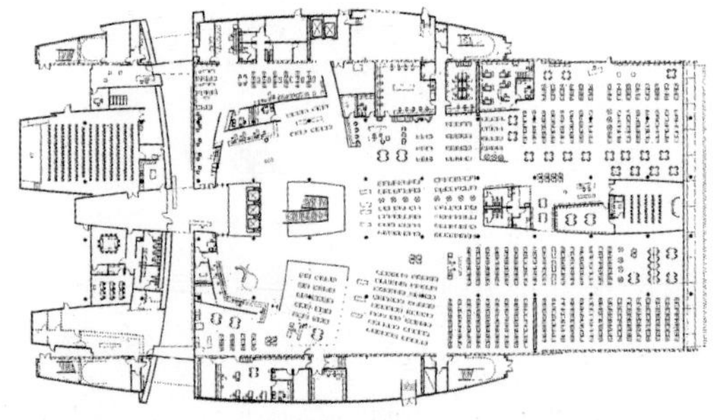
一层平面

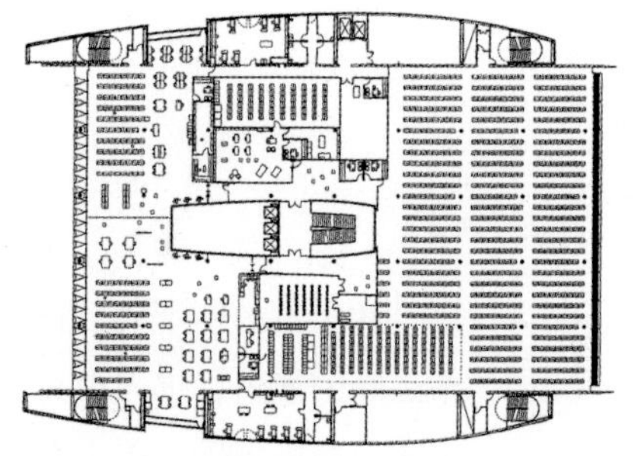
四层平面

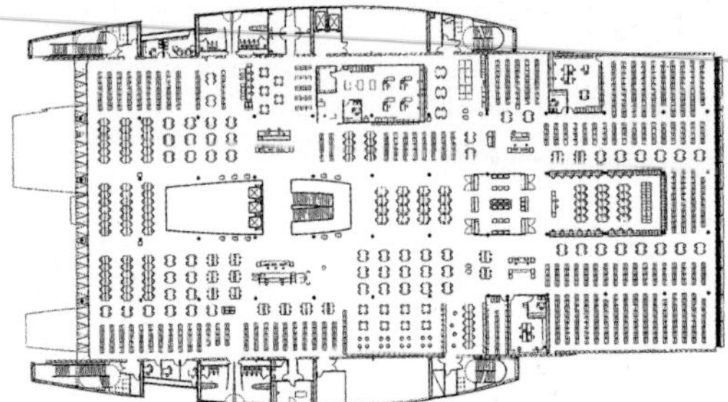
二层平面

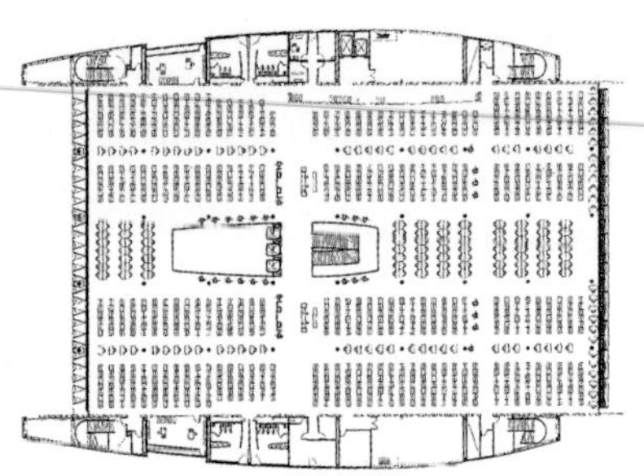
五层平面

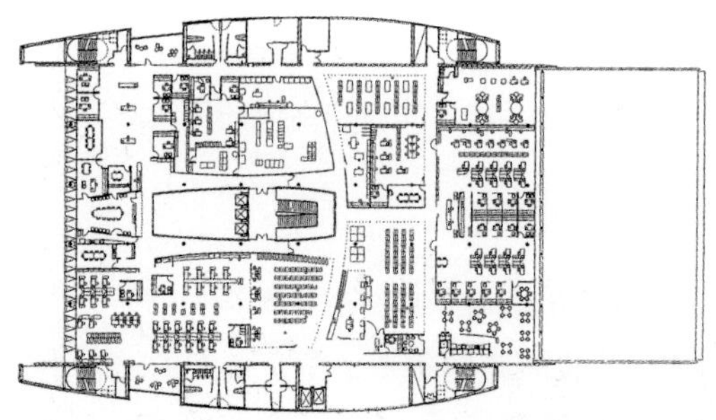
三层平面

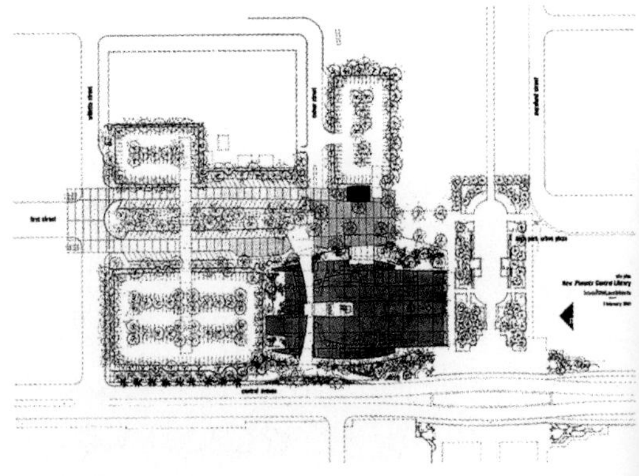
总平面，图书馆和停车场

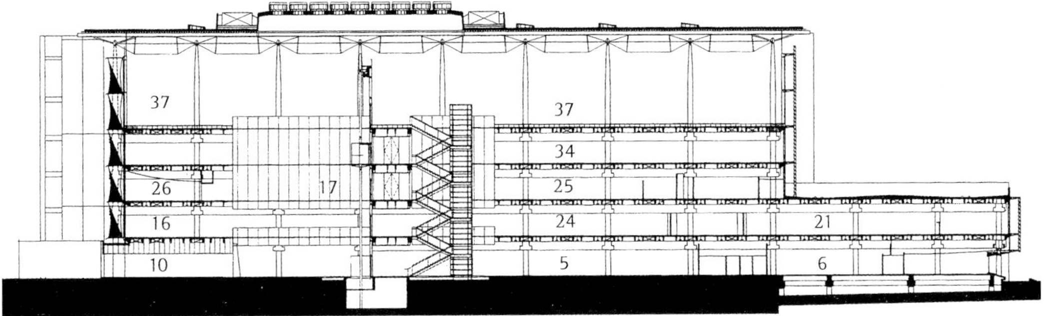

纵剖面

北立面外景

图书馆东北侧外景

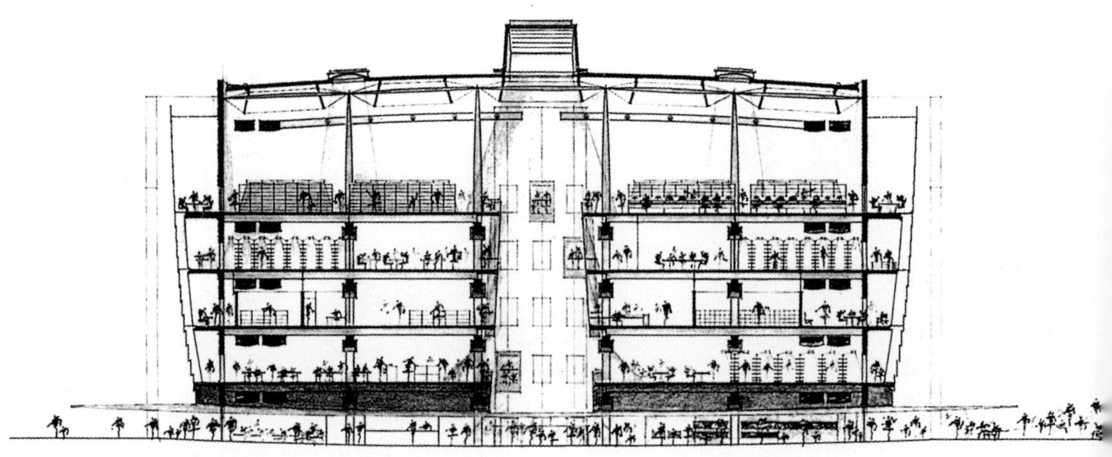

横剖面

西入口

入口大厅局部

入口大厅

入口大厅楼梯细部

五层的阅览室局部

天窗与柱子交接的细部

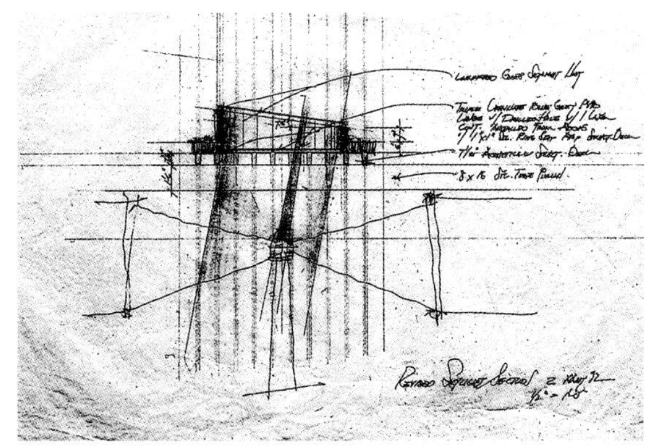

分析草图

草莓谷小学，

加拿大，不列颠哥伦比亚省，维多利亚，1992—1995

STRAWBERRY VALE ELEMENTARY SCHOOL,
VICTORIA, BRITISH COLUMBIA, CANADA, 1992—1995

帕特考建筑事务所
约翰·帕特考，帕特卡·帕特考与
（G. Cheung, M. Cunningham, M. Kothke, T. Newton, D. Shone, P. Suter, J. Wang）

20世纪90年代初，来自“国家偏远省份”的帕特考最初从设计住宅和小型公共建筑开始，这些作品透露出一种默默研究的努力，孜孜不倦地寻求将自然环境和对当地传统建筑的重新解读结合到当代建筑语境当中。

维多利亚草莓谷小学的设计与建造可以看做是创造与思考过程的完美提炼。

新教学楼建造在整个校园边缘，园区从1893年建设的小校舍开始逐步发展起来，20世纪50年代加建了第二栋房子。为了增添新的设施，学校征购了南向一块远眺罗斯代尔公园的用地，一处被白栎树林环绕的开阔场地。

东立面

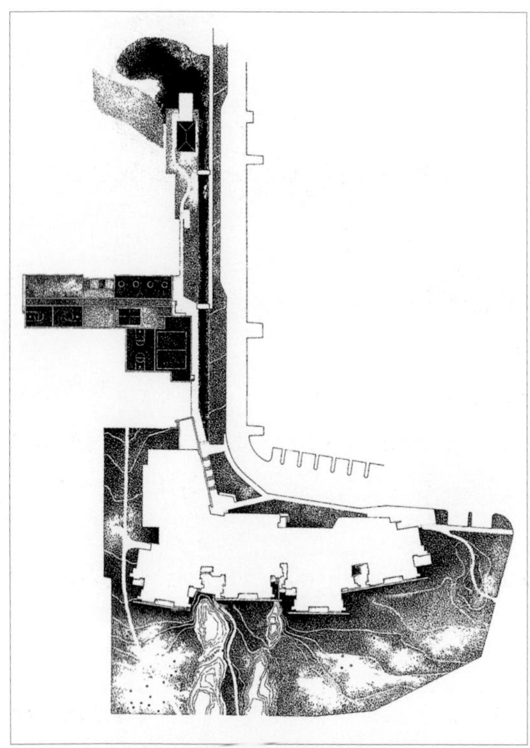

总体布局

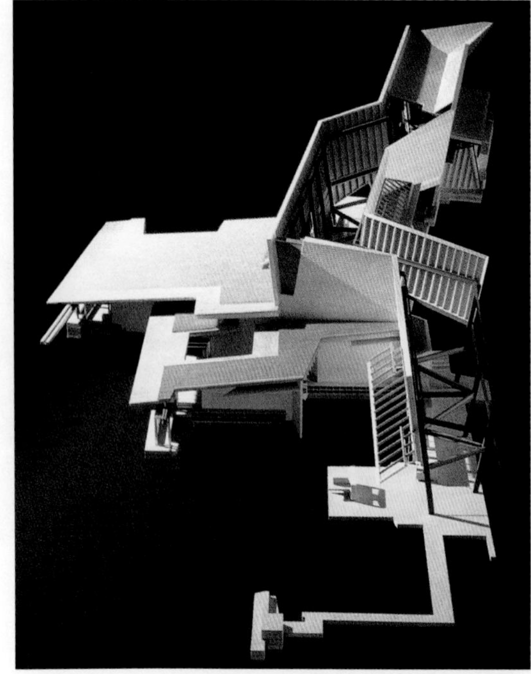

模型

新学校的场地位于城市郊区以自然为主体的环境中，一些小型的独栋住宅散布其间。

正是这样的背景下，新项目正视自己并确立了一种设计语言。

新学校起先被当做一处景观来设计，非常重视地形、地面排水以及公园周边现状的小环境。项目的功能安排需要一栋面积3292平方米的建筑，包含16间教室、一个图书馆、一个体育馆、教育空间和行政办公室，设计由此展开。

周围环境半乡村化的特色决定了项目的总体布局，公用和行政空间朝北，面向停车区域和入口道路，教室朝南面向公园。

教室分为4组，仿佛依附建筑主体的独立的亭子，它们之间些许错动的布局方式，一方面，在教室和传统的公用场所之间创造出一系列自由的室内空间；另一方面，也提供了望向公园的视野并且创建了通往公园的直接的通道。

建筑的总剖面完美展现了空间层次的特色：各个教室之间的关系，长长的坡屋顶向树林延伸，高起的中央空间，总体设计中主轴线的布局。

正如建筑师之前设计的阿加西湖的海鸟岛学校（Seabird Island School，1988—1991），在这个项目中，屋顶在塑造鲜明特色的设计中发挥了重要的作用，并且与北美本土建筑形成了象征性的联系。

建筑材料的选择根据当地传统和可用性，密切关注能源节约，尽量不使用潜在的可能让学校使用者中毒的物质。

因此，木材既用在承重结构中也用做室内外的饰面，钢、钢筋混凝土和墙饰面是对主体结构的补充，用以提高室内空间的能源效率和感官品质。

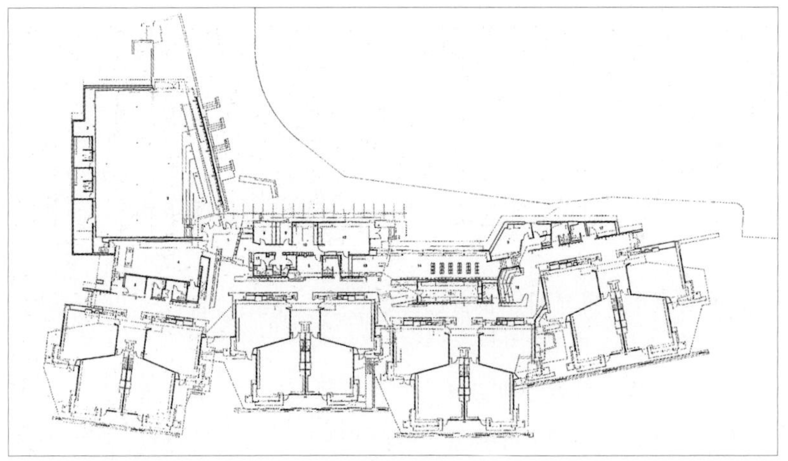
一层平面

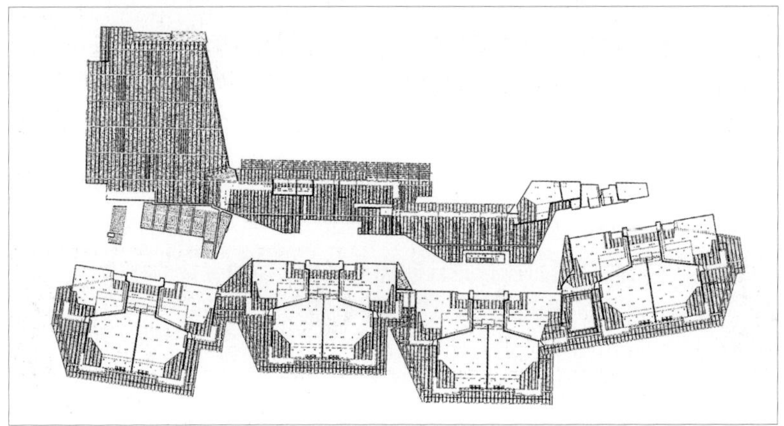
与平面有关的木结构

屋顶平面

入口和校长办公室

公园景观

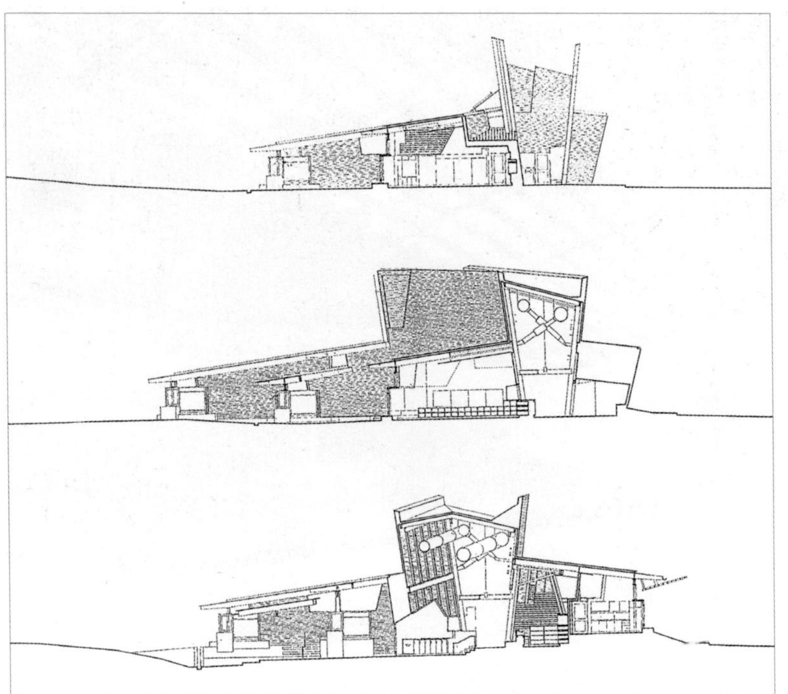

横剖面，东面的教室和外部覆顶空间（顶部和中央），图书馆和员工用房（底部）

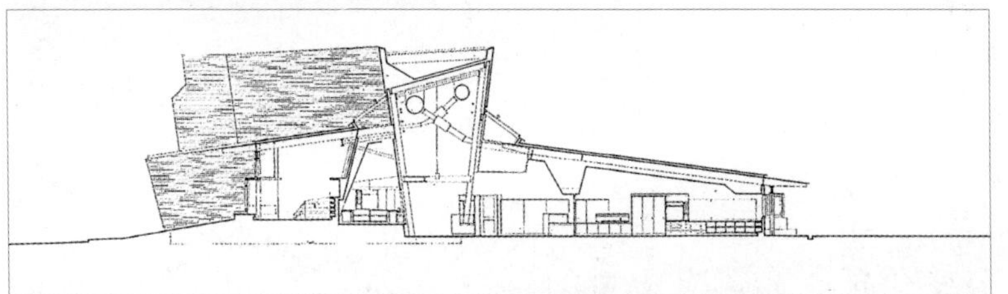

横剖面，教室和研讨室

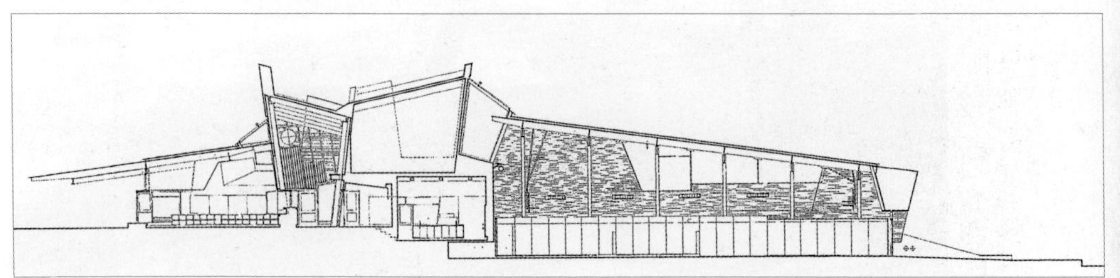

纵剖面，教室和体育馆

EXIT

教室室内

从教室之间的通道看公园景观

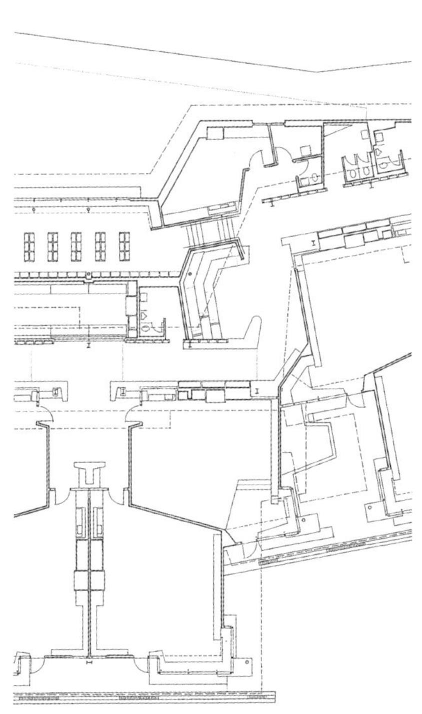

教室与走廊及公共空间连接的平面局部

研讨室内景

从公园进入校园的一个入口

卡尔森-雷格斯住宅，
加利福尼亚州，洛杉矶，1992—1995

CARLSON-REGES RESIDENCE,
LOS ANGELES, CALIFORNIA, 1992—1995

Ro.To.建筑事务所
麦克·罗汤蒂和克拉克·史蒂文斯与A.伊尔茨，K.金，Y.小渊，B.赖夫，C.斯科特（A.Hiltz，K.Kim，Y.Obuchi，B.Reiff，C.Scott）

背景：这栋新古典主义风格的工业建筑是洛杉矶第一家电力公司在20世纪初建造的。建筑坐落在洛杉矶市区边缘大都市区内，周围遍布工业建筑、建材仓库，并毗邻一条重型运输的铁路线。

住宅的业主是一对夫妇，他们其中一位是艺术家及收藏家，另一位是营建及开发商，对建筑材料的处理和循环利用非常在行。

因此，引导这个项目实施的创作和建造的方法，表现出介入并保留和提升场所精神的决心。与此同时，在持续推动和深化建筑项目的过程中，设计师与业主的互动也是设计灵感的来源之一。

从花园里看房子

事实上，负责住宅施工的是业主的建筑公司，因而业主得以直接参与到建造过程当中。此外，创造性地再利用业主原有住宅的建筑材料，也是这个项目的独特之处。

设计师非常注重场所不同的环境品质，他没有忽视市区边缘的环境，而是将其当做一个设计条件加以考虑并利用起来。

一面从新加建的屋顶上直接披挂下来的钢结构墙，将这座公共建筑转化成私人的、家庭的场所，这面墙屏蔽了相邻铁道上的噪声，同时在贯穿住宅的一系列室内和室外空间之间创造了私密性。

改造的痕迹通过在现存建筑上加建的一层表露出来，新建楼层作为屋顶，同时与旧建筑的侧立面相协调。

另一方面，室内空间序列的组织，通过布置一个花园在室内外场所之间形成自然流动的空间，家庭活动流线清晰地展示出住宅的空间，同时能够让人在室内领略周边城市的景观。

一层入口安排在巨大钢面板的遮蔽之下，入口与住宅主楼梯结合，这个楼

住宅，周边的建筑及洛杉矶市区

梯通往不同楼层和一连串环绕家庭空间升起的通道。

一层布局环绕着存放艺术藏品的工作室和花园；在二层，为了加强室内外之间的视觉联系设计了两层通高的大起居室，其上是可以俯瞰起居室的卧室空间。起居室直接通往阳台和游泳池。

宽敞的木头平台正对市区景观，平台上还设计了一个利用旧钢水槽改造的游泳池。平台与住宅的起居室紧密联系，悬挑在花园上方。

金属构件和元素与木头和彩色石膏结合的处理手法，勾勒出居住空间的特性，既不避讳周边局促的环境，又努力营造出温馨的家庭氛围，并显示出当代的特征。

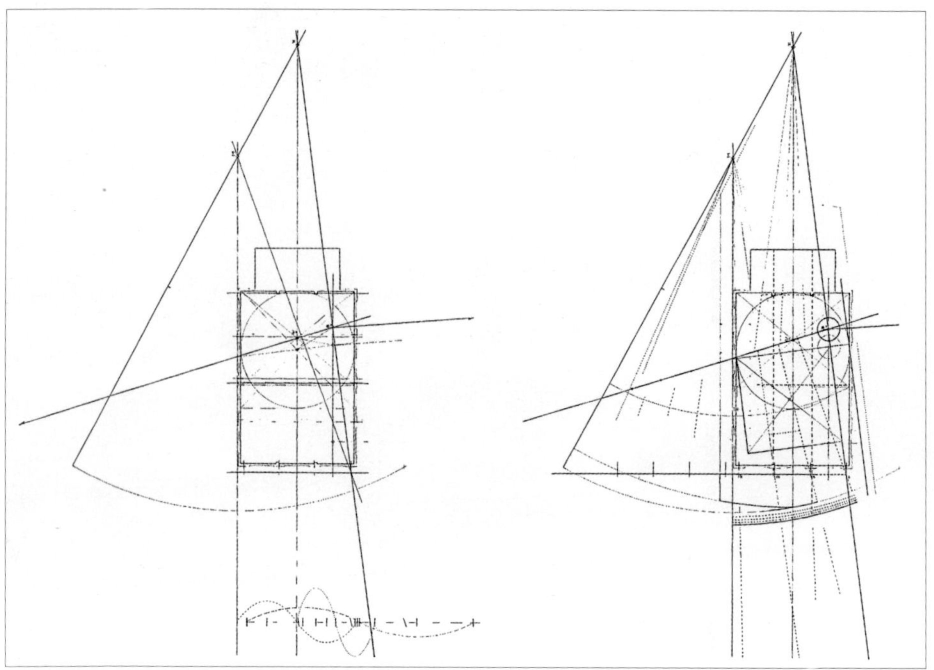

现存建筑的概念图解

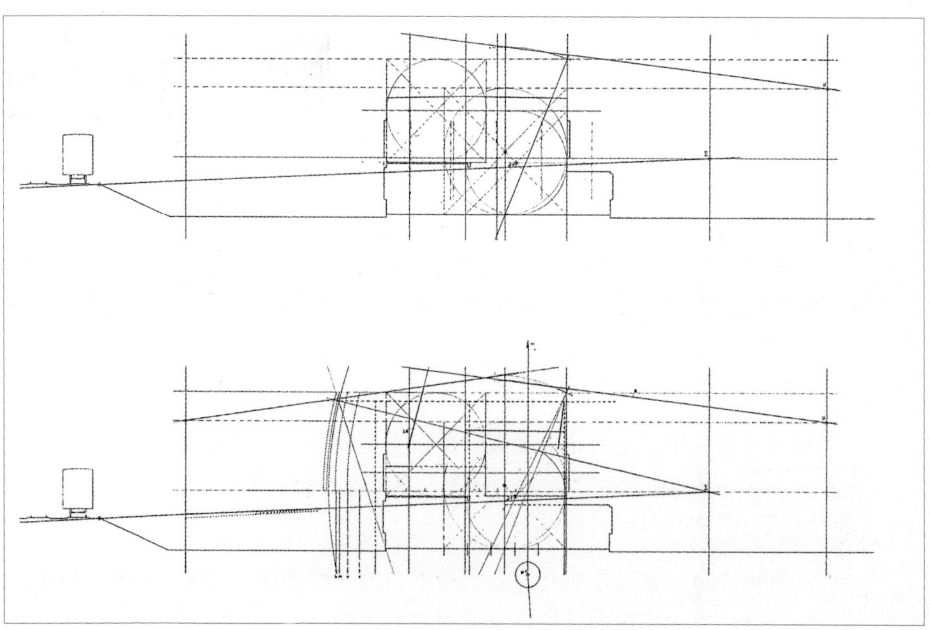

设计概念图解

新加建的部分与现存建筑的对比

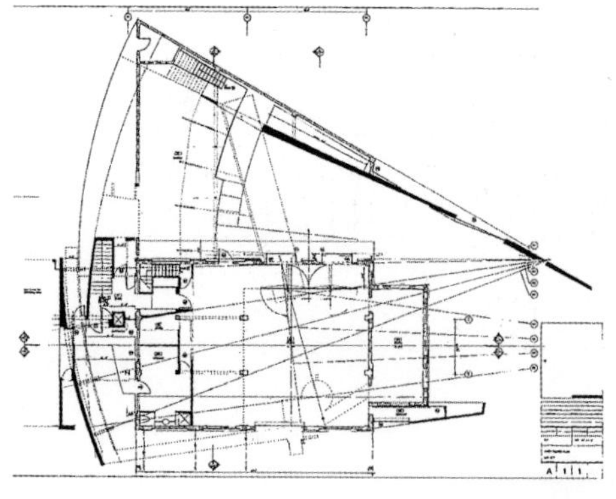
一层平面

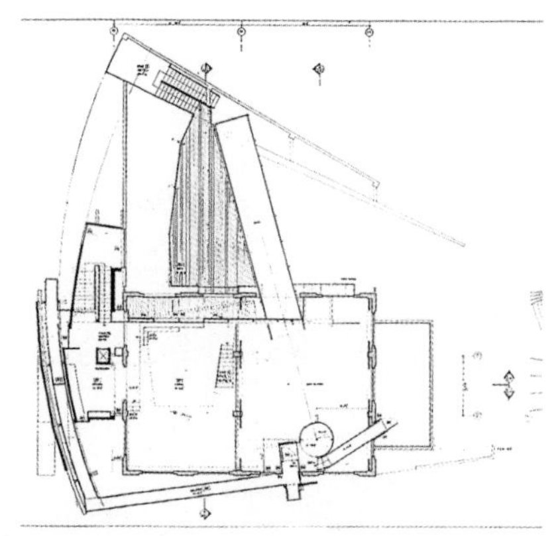
二层平面

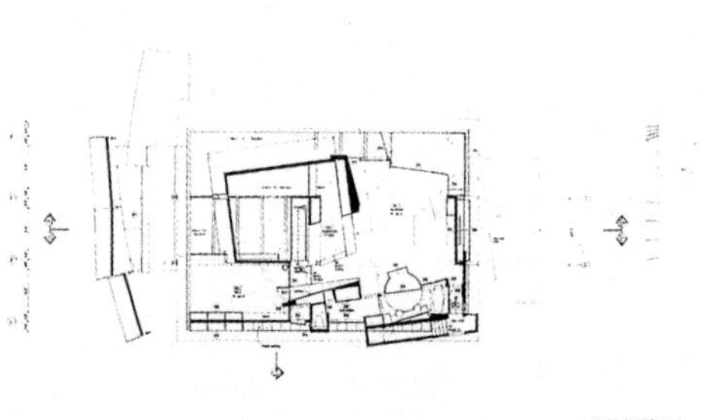
三层平面

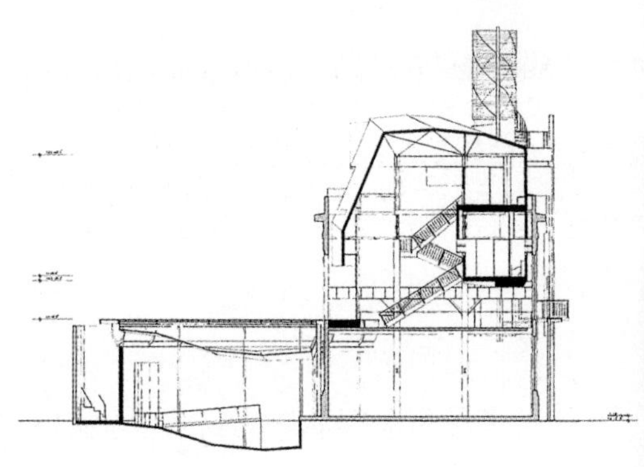
横剖面

三层卧室区

内花园和悬挑的游泳池

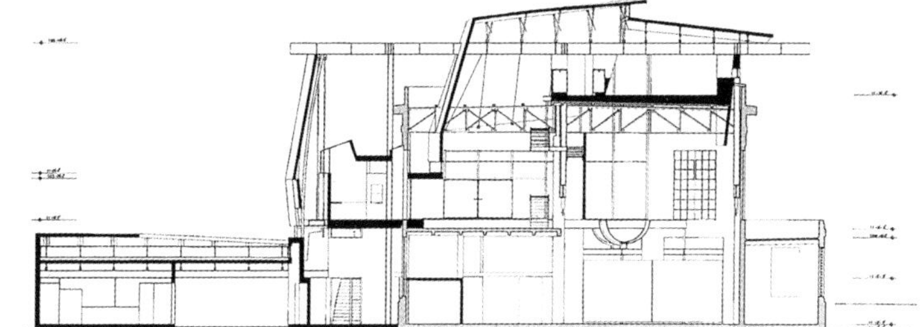
纵剖面

从游泳池俯瞰一层的工作室

悬挑的游泳池

二层室外的狭窄通道和防噪声隔栅

从室内看新加建的屋顶

二楼双层通高的起居室

钻石农场高中，
加利福尼亚州，洛杉矶，1993—2000

DIAMOND RANCH HIGH SCHOOL,
LOS ANGELES，CALIFORNIA，1993—2000

墨菲西斯事务所
汤姆·梅恩，C.克罗克特，D.格兰特，F.克雷姆库斯，清水公司，P.J.泰伊
（C.Crockett，D.Grant，F.Kremkus，J.Shimizu，P.J.Tighe）

现在我们通常能觉察到，墨菲西斯事务所（Morphosis）在半边缘地区设计建造一座新的公共建筑时，会确定出一种符号语言，这个符号能够即刻表现出对场地回应以及与现有环境的联系。

区域的地貌、海拔和坡度在城市化的进程中得以保留，同时被一些醒目的人工建造物包围，比如高速公路、水渠、电线。无论如何，设计者都能从场地的原始条件中寻找到一系列激发设计灵感的重要元素，并由此着手展开他们的工作。

确认出这些元素之后，就是进一步的深入思考，一座美国公立学校建筑的确切含义。这种思考要能够做出精确的文化和思想判断，让这个中学项目对工作中出现的争论和生产过程做出有意义的回应。

校内的路

这一时期，美国的建筑文化多数都与大学建筑的改建和设计有关。特别重要的是，墨菲西斯涉及的改建项目是初级教育阶段的学校建筑，要供更多不同家庭背景的学生使用。

学校建筑是一种体验时代气息和空间品质的媒介，这似乎就是这家洛杉矶事务所的这件作品向我们传达的意义。

学校综合体沿着一系列平行的台地组织建造，包含两组主要建筑。上部是体育馆、图书馆、讲习班和行政办公室；下部是能俯瞰长长的中央“道路”的教室。

模型

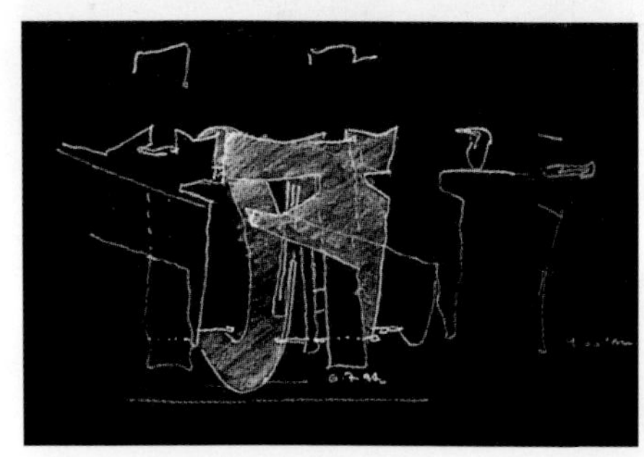

分析草图

由此，前所未有的城市环境为学生提供了一个聚会的场所，赋予了新建筑特色，与此同时，戏剧化地呈现出校园的露天生活。

建筑序列经过精心设计，其依循的逻辑是为学生创建一种“城市体验”：从可以俯视停车场的入口到逐渐露出的内部道路。在入口处，两组建筑看似相

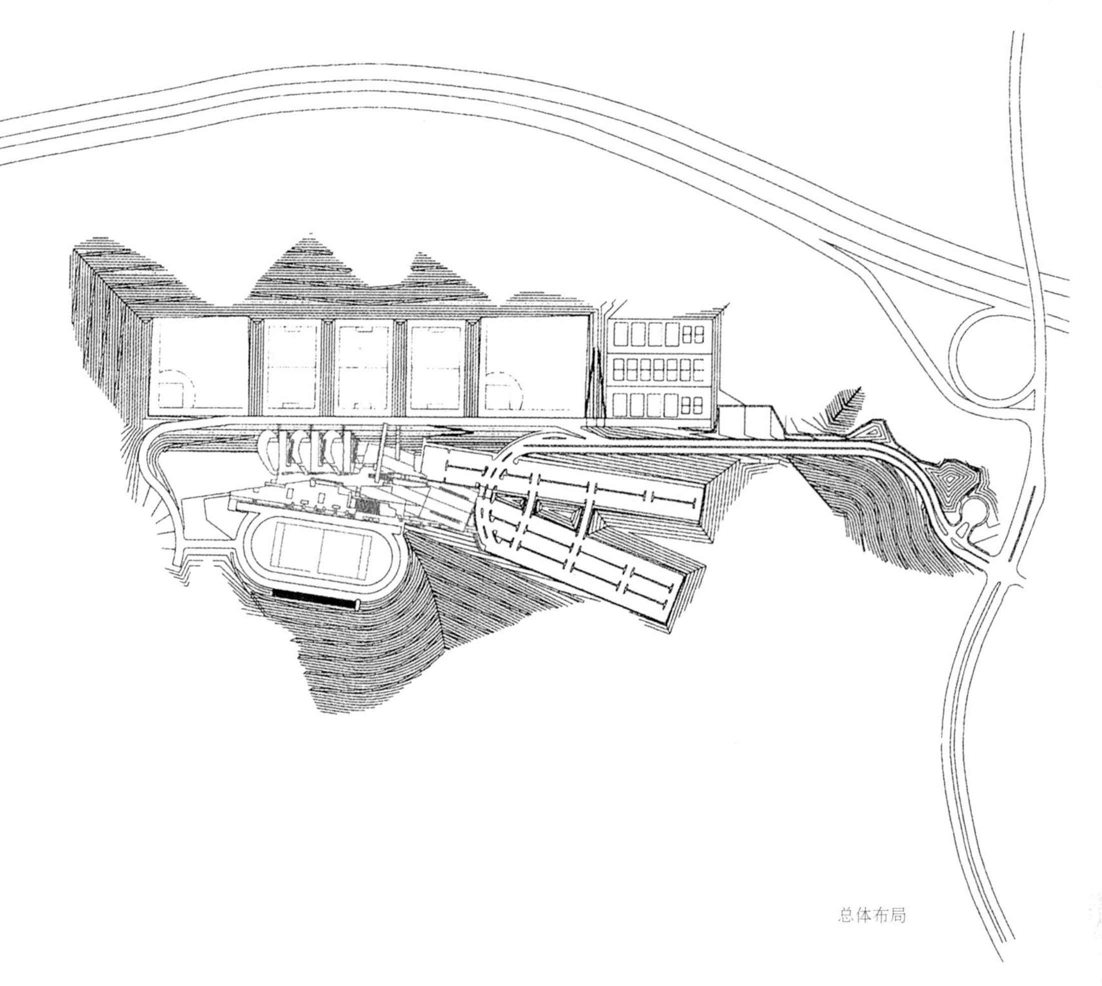

总体布局

交，覆盖了向上通往校园的楼梯。逐渐露出的内部道路分为两个层面，同时提供了出人意料的视野，将周边的风景尽收眼底。

花园、坡道、聚会场所和道路依次以同样的空间分布方式划分。教学区的建筑如丰满的羽翼伸向山谷下方的空间，建筑之间以花园贯通，花园中的坡道从防护绿地延伸到校外。

运动场位于建筑组群的上部和下部，是学校和外界社会的缓冲带。

在这里，空间并未流露出对传统的城市环境的歪曲模仿，而是基于体量的视觉冲击力及其布局章法，严谨地利用细部的语言和材料解决建筑难题。

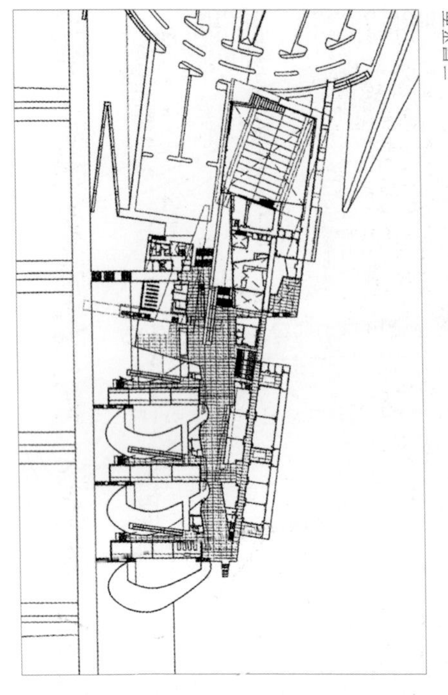

二层平面

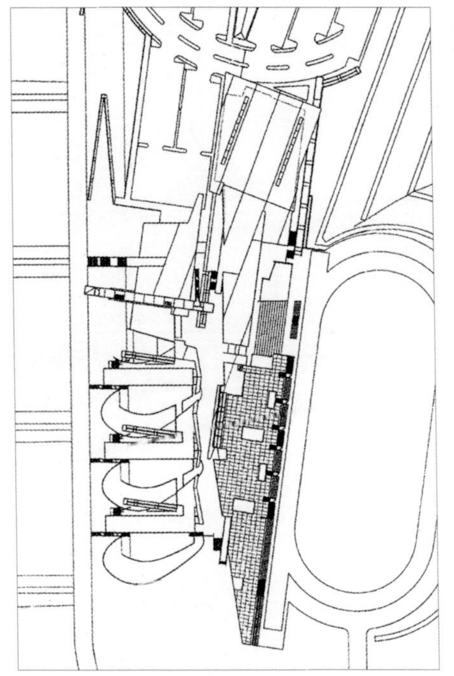

屋顶平面

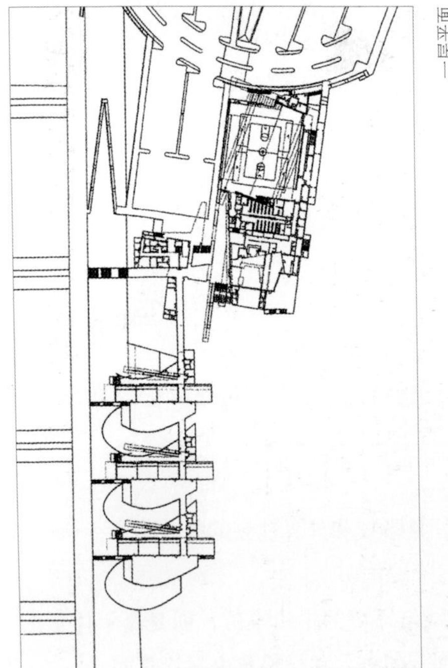

一层平面

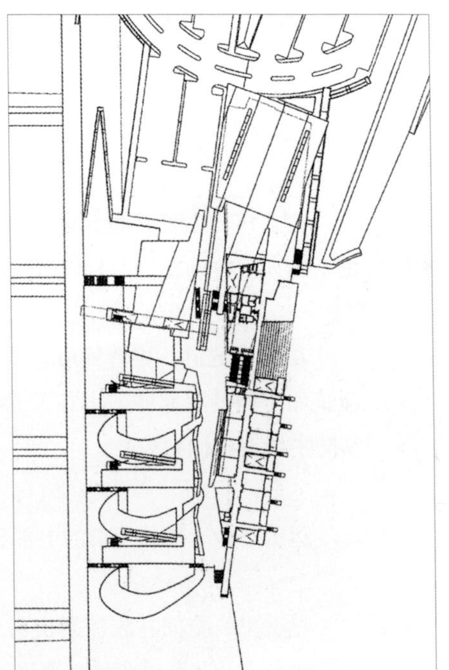

三层平面

与运动场相邻的走廊

总体模型

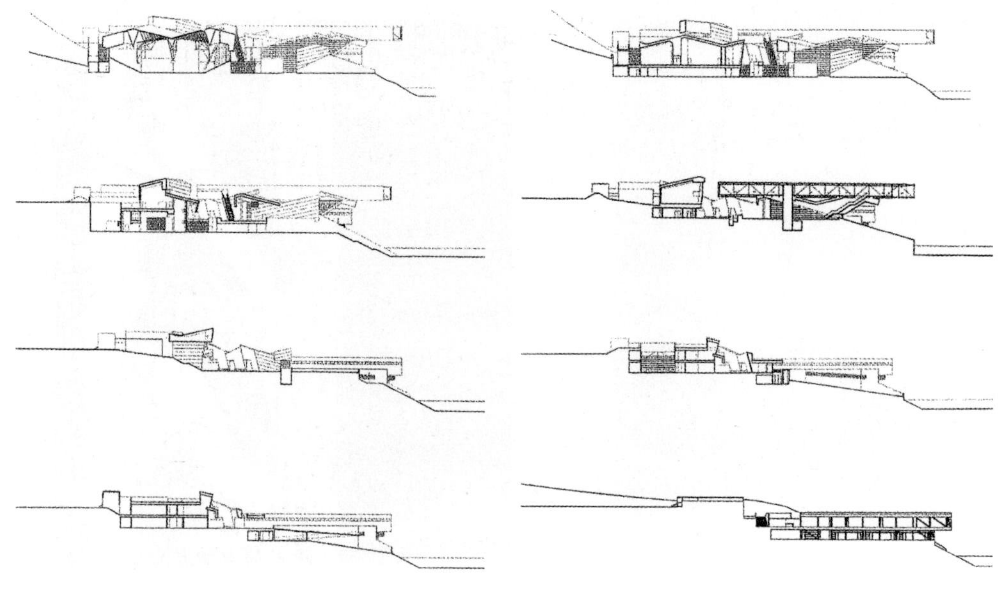

横剖面

整体结构模型，细部

学校主入口

各个教学区的空间关系

体育馆

走廊入口

萨米陶大楼，
加利福尼亚州，卡尔弗城，1990—1996

SAMITAUR,
CULVER CITY, CALIFORNIA, 1990—1996

埃里克·欧文·莫斯（Eric Owen Moss）
项目建筑师：J.瓦诺斯，D.伊盖（J.Vanos，D.Ige）

20世纪80年代末和90年代初，是埃里克·欧文·莫斯事业发展的转折点，也是他在职业生涯中取得成功的时期。

1989年，他与开发商弗雷德里克·诺顿·史密斯（Frederick Norton Smith）的会面，事实上给洛杉矶的历史增添了一段有意义的城市发展历程，这段历程与卡尔弗城主要市区逐渐推行的城市复兴相应。卡尔弗城是洛杉矶市区最重要却处于衰落状态的地区之一，复兴计划将其转变成一个新的中心区，容纳了与广告业及电影产业相关的工作室和商业机构。

然而都市区功能的复兴不止于此，我们应该努力寻求新事物的价值，欧文·莫斯在卡尔弗城的部分街区中进行了持续的类型和空间实验，这些尝试能够在10年后揭示城市更新规划的过程，能够影响整个城区的转变。

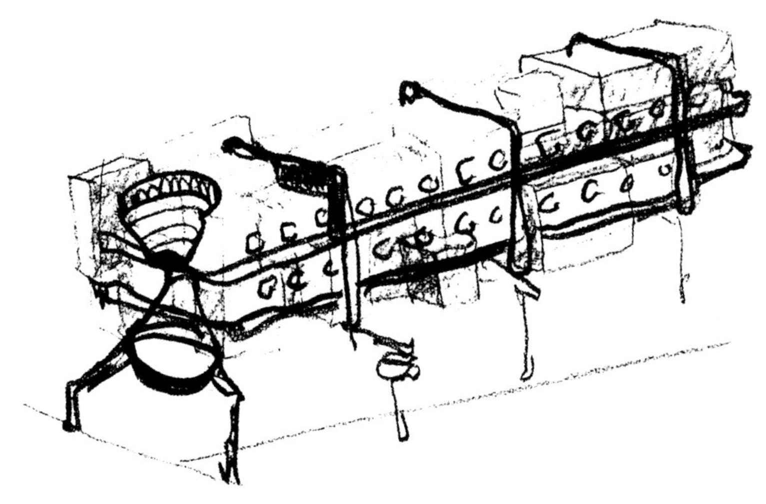

分析草图

这段历程源于萨米陶大楼项目的建造，这座办公大楼是一次加建工程，同时也是对现存工业建筑的一次大胆改造。

主题：业主需要一个处理数字图像的机构，为办公和车间提供更多的空间，这个地块临近城市二级公路，挤满了仓库和小型厂房。

限制：扩建用地需要开辟一条卡车可以通行的道路，用于装卸货物。因此，需要在矩形平面内设计一条净高4.5米的通道，周边建筑的限高为14.5米，并且禁止在现存建筑结构下设置消防通道。

欧文·莫斯提出了一个看似大胆的方案，一次类型学上的创新：一个100米长的街区悬挑在道路和现存建筑上，以钢结构梁柱体系支撑，其余部分直接落地或落在下面现存的建筑结构之上。

同时，现有建筑经过一番加固改造成为新的车间和办公区域。

新建筑结构设计为两层，将来可以继续向上加建。线性立面以两个楼梯间在端头作为收尾，楼梯间鲜明的雕塑感成为引人注目的标志性元素，为这个平淡无奇的城市街区注入了崭新的活力。

这些设计手段展示出新的形态和造型的表达方式，项目自身内在的震撼效果浓缩并展示出的张力和记忆，将参观者的视线吸引到建筑内部，同时与周边的景观和建筑构成前所未有的视觉和感官联系。

建筑尽端的造型像一个中空的圆锥体，标示出车行路之上的新入口和一个人行坡道，北端是一个五边形的露天开放区域，可以看到两层高的演讲空间，正立面的开口仿佛一条裂缝，暴露出建筑内部的机械装置。

萨米陶大楼与周边景观的关系

萨米陶大楼与周边建筑的关系

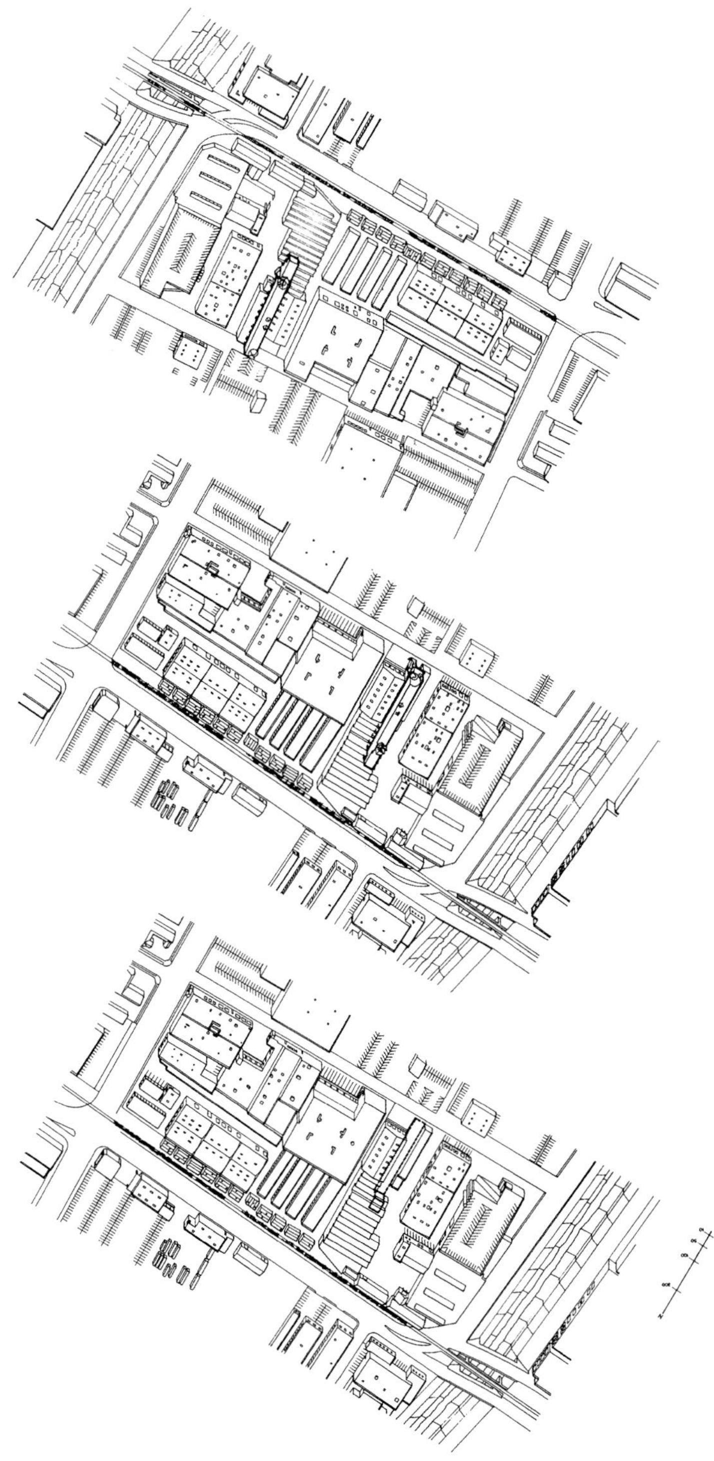

施工前和施工后的总体轴测图

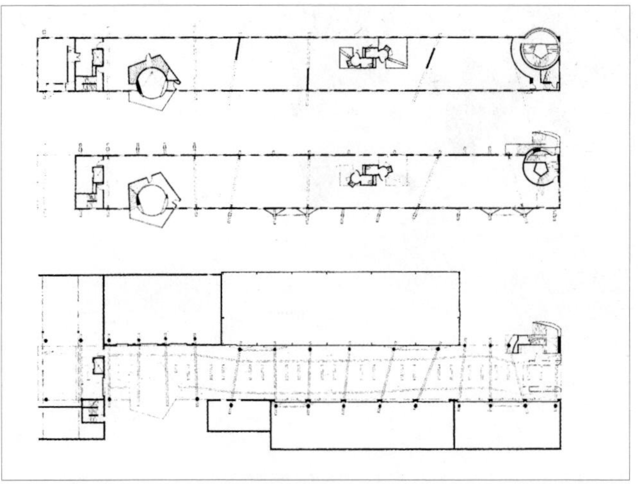

一层平面 / 二层平面 / 四层平面

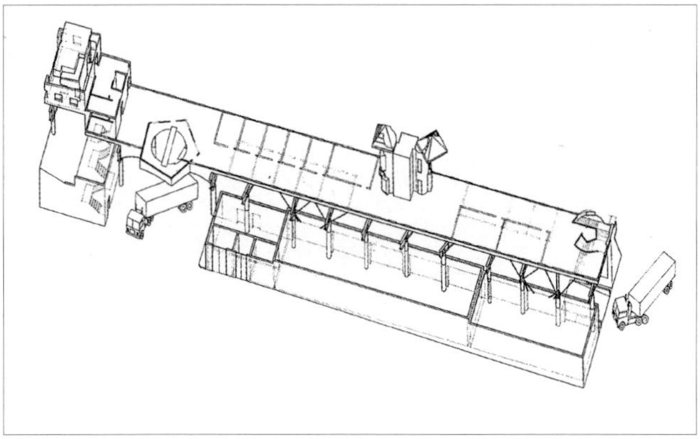

三层平面轴测图

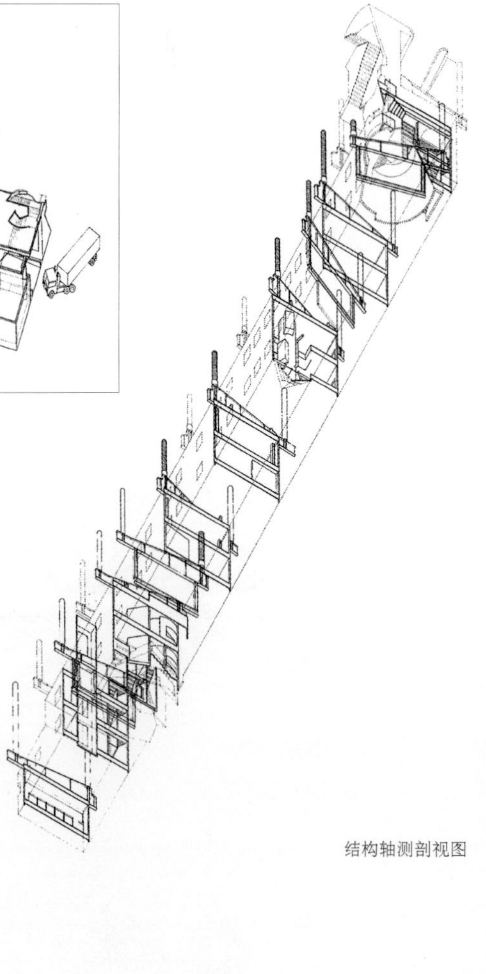

结构轴测剖视图

一层室内街景

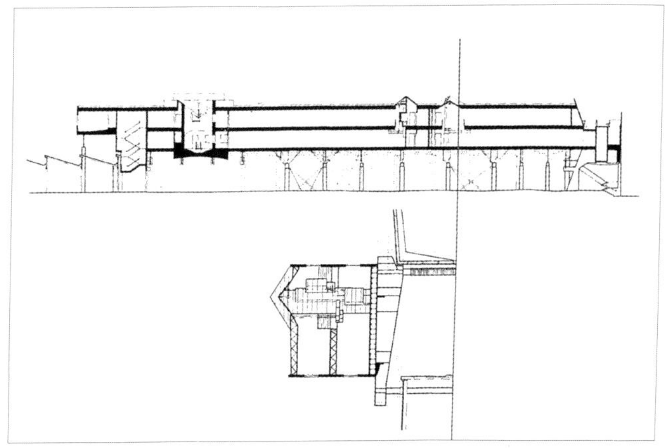

纵剖面和横剖面

圆形楼梯间顶部

萨米陶大楼东面视景

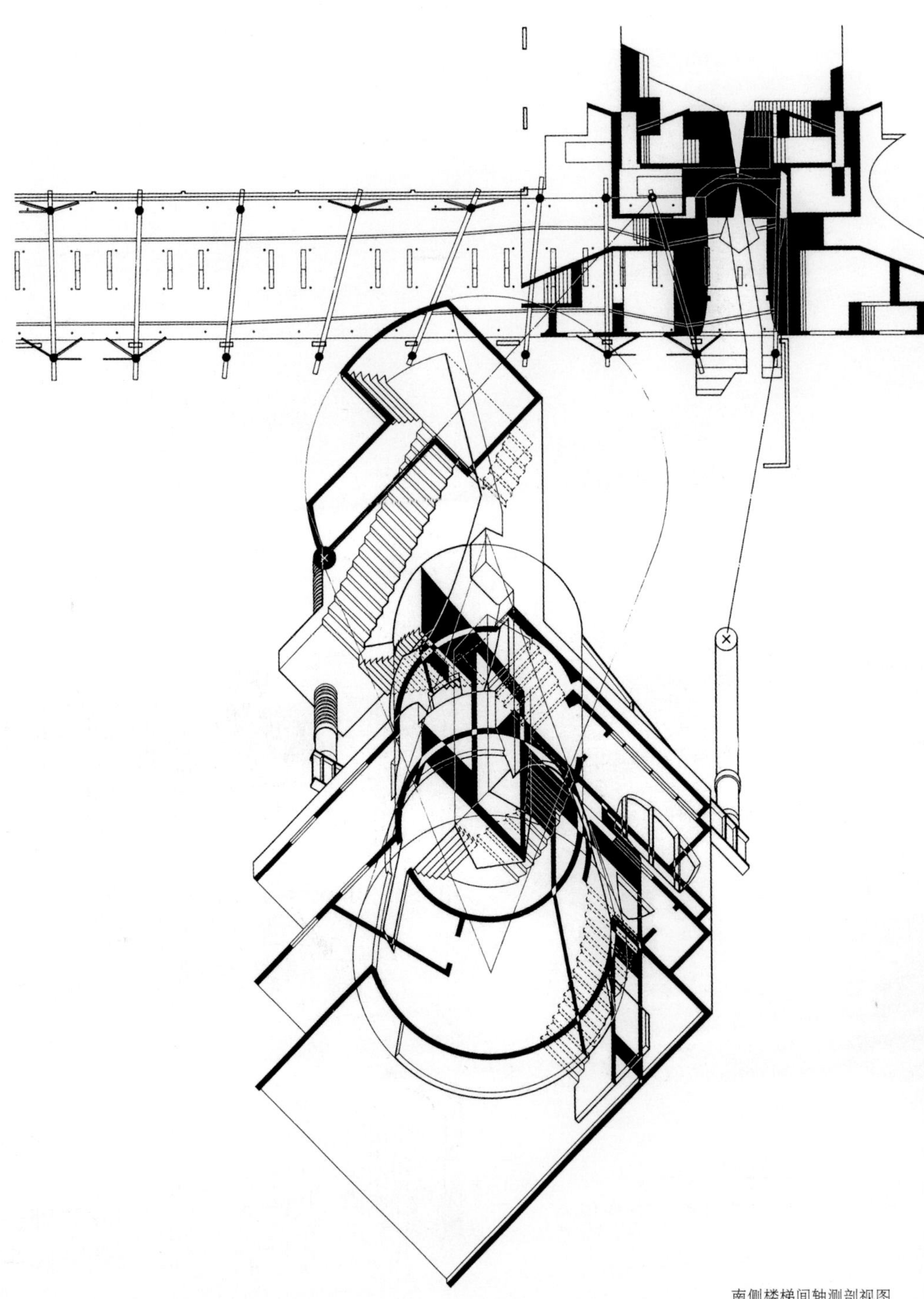

南侧楼梯间轴测剖视图

圆形楼梯间室内细部

一层与室外空间的关系

西北立面细部

五边形楼梯间顶部视景

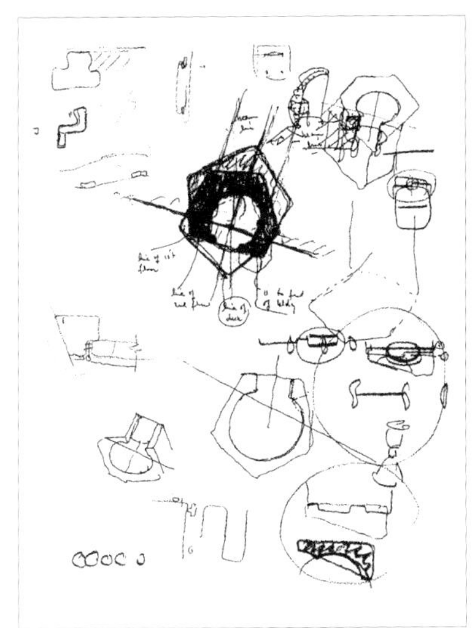

分析草图

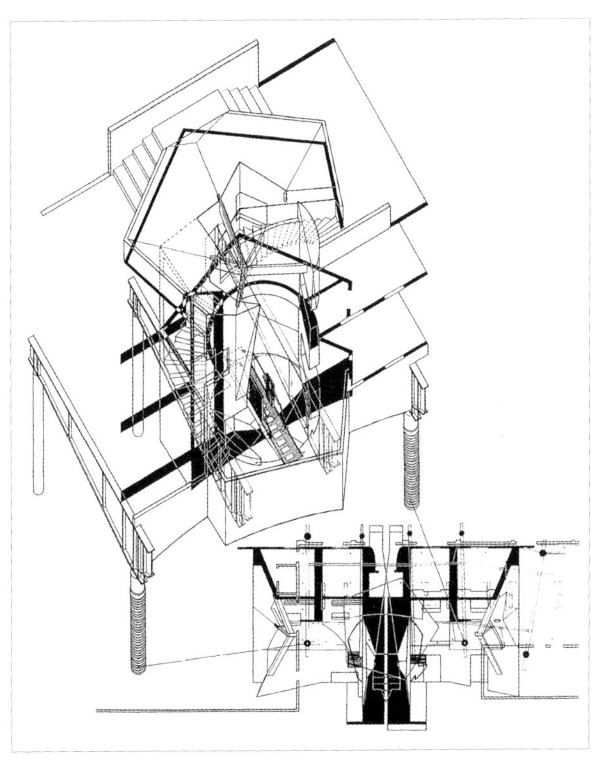

楼梯间和演讲厅轴测剖视图

圣·伊格内修斯教堂，
华盛顿州，西雅图，1994—1997

SAINT IGNATIUS CHAPEL,
SEATTLE, WASHINGTON, 1994—1997

斯蒂文·霍尔

圣·伊格内修斯教堂位于大学校园的边缘地带，建设预算非常紧张。它的入口前方是一个巨大的水池，北侧则是一个待建的长方形草坪，成为大学向周边城市环境延伸的主体。

为了应对资金不足的状况，建筑师利用光和色彩作为教堂室内的主导和象征元素。

在不同高度以不同形态和不同密度分布的自然光标识出礼拜的路径，从中殿（配置蓝色透镜的黄色区域和配置黄色透镜的蓝色区域）到前厅或前院（自然采光），从行列仪式空间（自然采光）到教堂（配置红色透镜的橘色区域）、唱诗班（红色透镜的绿色区域）、和解礼拜堂（配置橘色透镜的红色区域）。

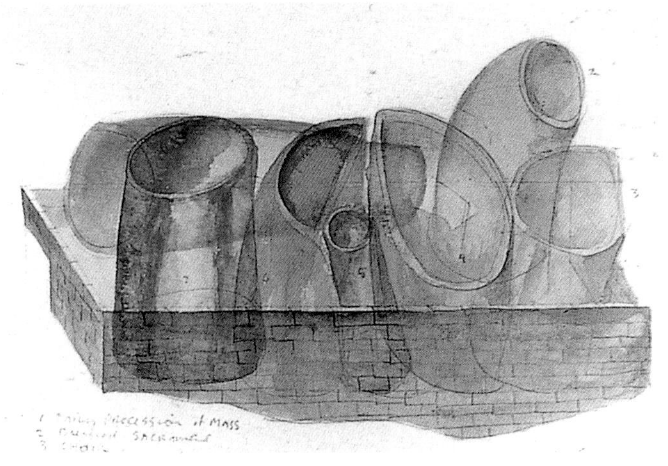

分析草图

彩色玻璃窗是教堂的各种建筑元素中最关键的一个，巨大的天窗成为真正的“光瓶”。

由于真正的彩色玻璃造价很高，建筑师利用“背面刷上颜色的反光镜构成一系列彩色区域，每一个区域中央是一片补色的玻璃”。

还是因为预算的限制，整个建筑以混凝土板建造。21块混凝土板在两天之内根据设计要求固定组装好，不同的立面以抽象的符号和开口相互协调，强调出自身的变形和扭曲。

教堂外观体现出繁复而精致的拜占庭风格，教堂室内与路径形成协调的关系，彩色玻璃的颜色，立面的处理手法以及建筑师设计的室内陈设标识出不同的礼拜空间。

20世纪90年代早期，斯蒂文·霍尔在家居项目和小型展览空间的设计中已经显露出对材料的娴熟运用，会让人联想到斯卡帕的作品，以及勒·柯布西耶的神秘的宗教空间。然而，这座小教堂的设计显示出对建造和构成主题的极大关注，这一主题已在更大尺度的福冈项目以及正处于最后设计阶段的MIT新宿舍项目中有所探究。

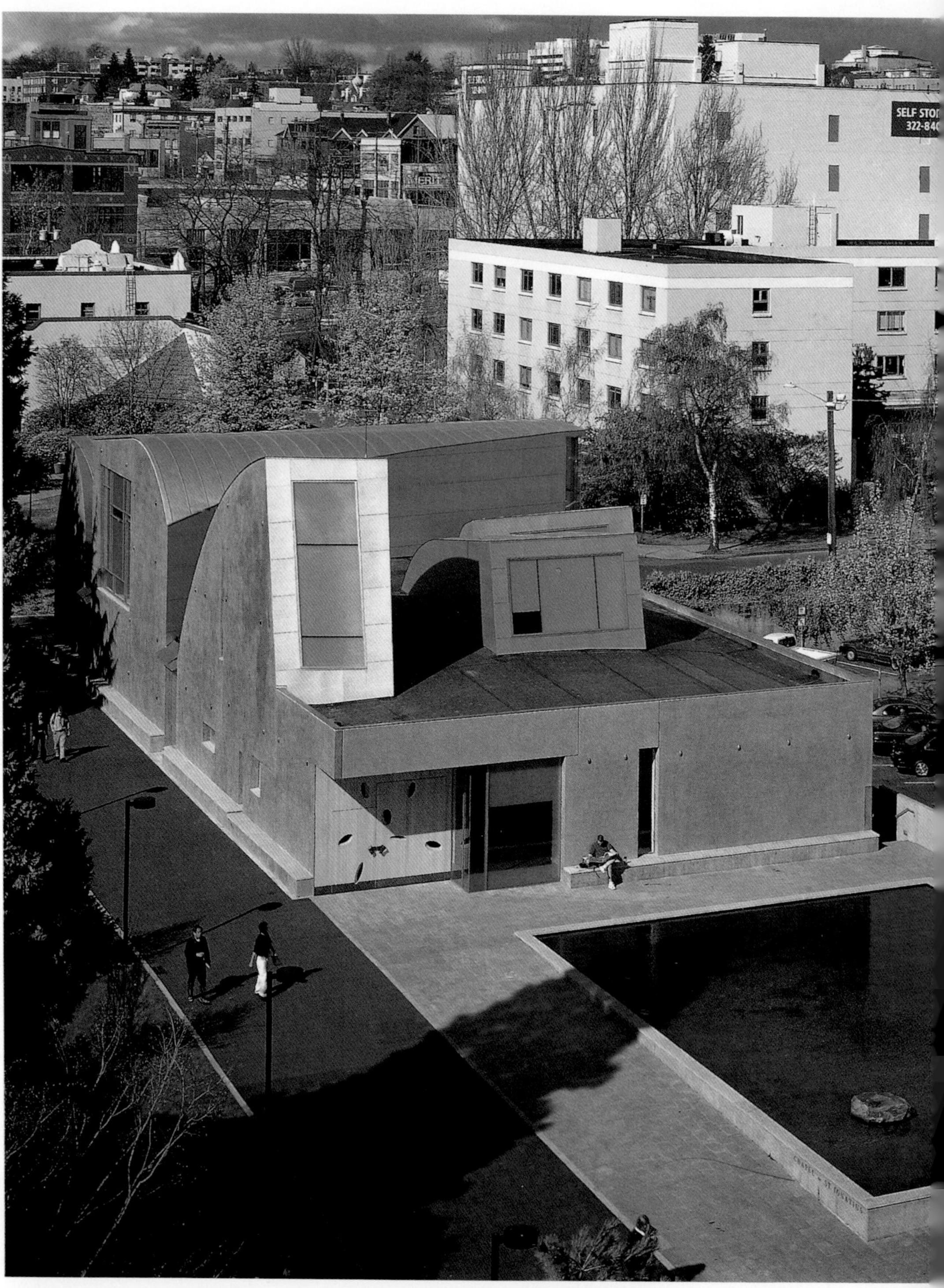

教堂与现有建筑

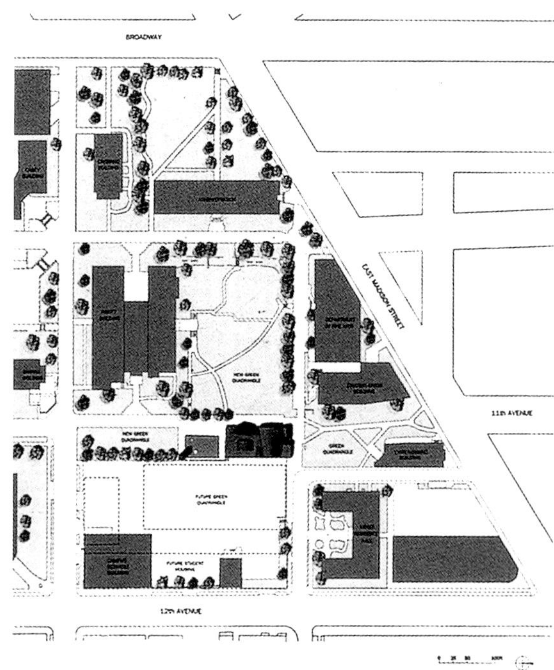

教堂与大学校园

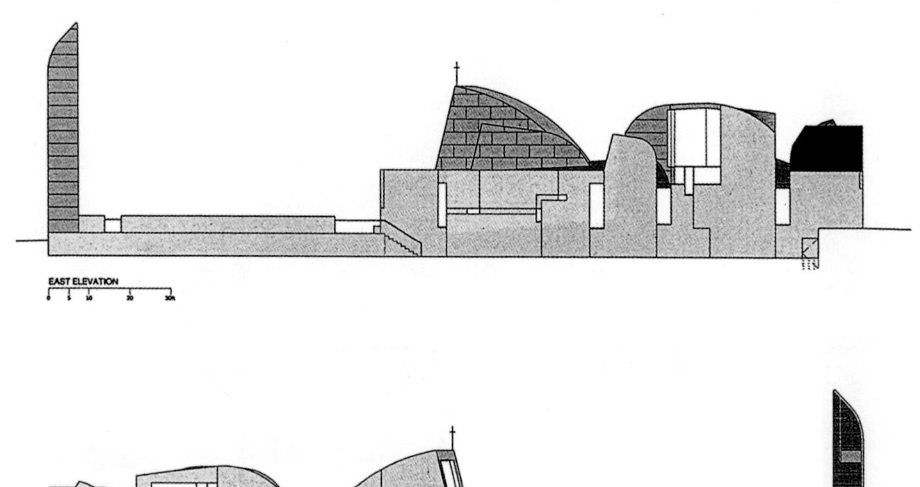

东立面和西立面

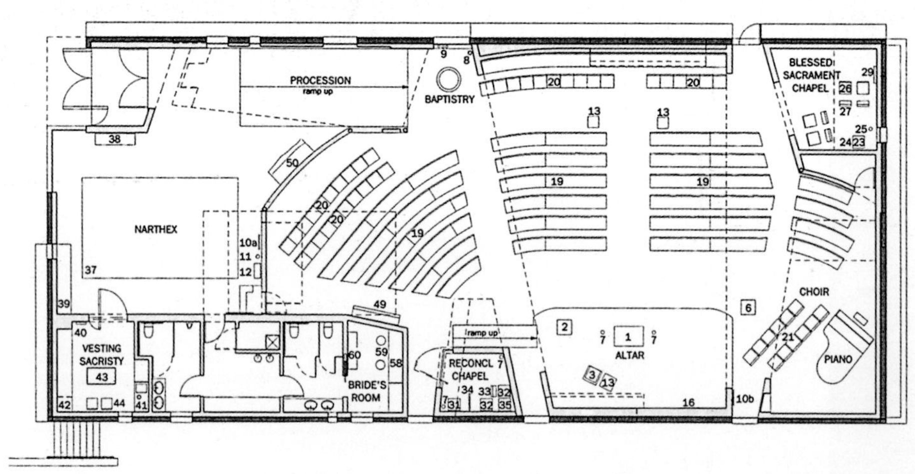

礼拜仪式陈设平面

从教堂内部看钟塔和水池

西立面

西立面细部

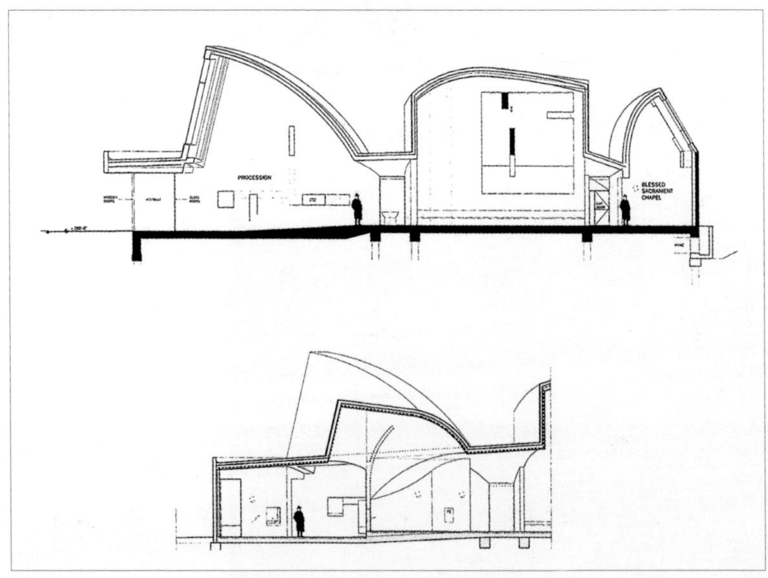

纵剖面，整体和局部

预制钢筋混凝土板的装配

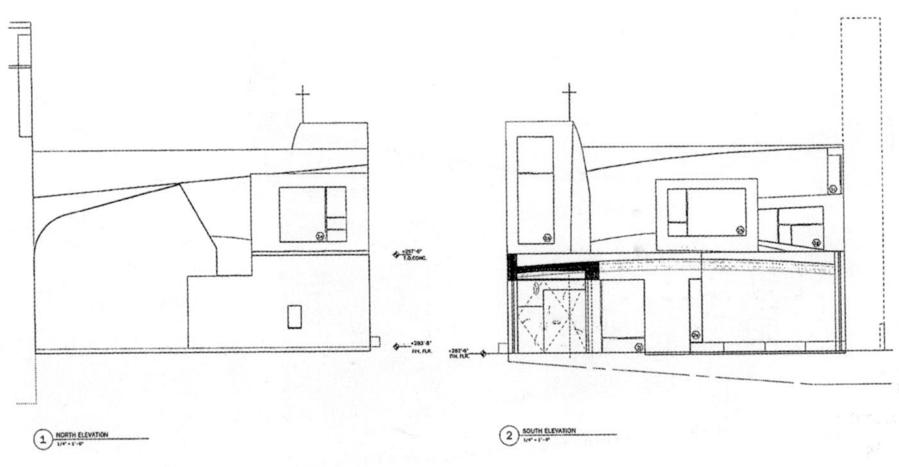
1 NORTH ELEVATION
2 SOUTH ELEVATION

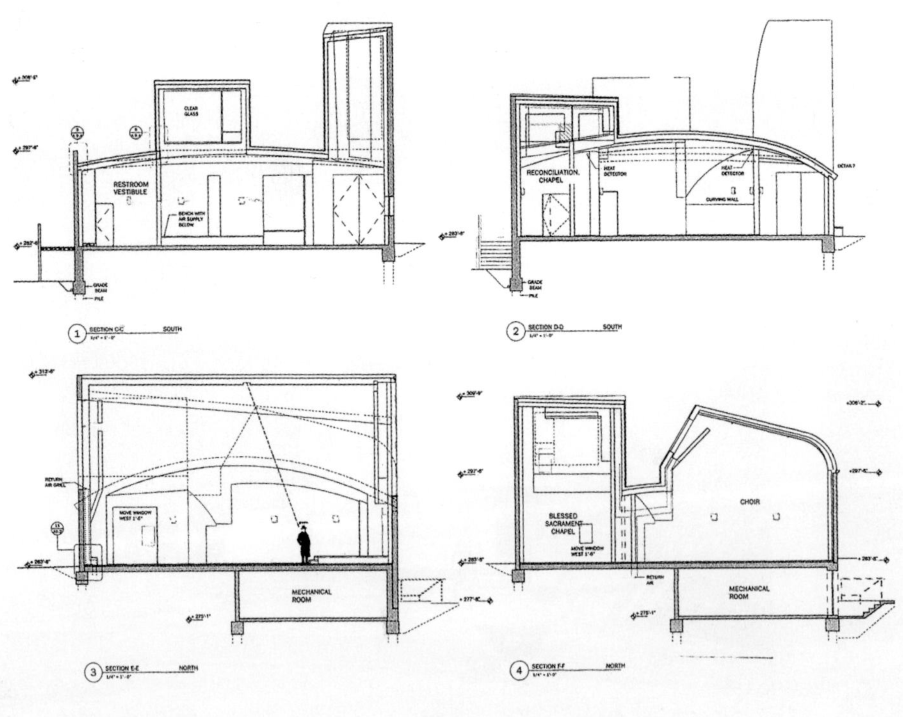
CLEAR GLASS
RESTROOM VESTIBULE
RECONCILIATION CHAPEL
HEAT DETECTOR
CURVING WALL
1 SECTION C-C SOUTH
2 SECTION D-D SOUTH
RETURN AIR GRILL
MECHANICAL ROOM
BLESSED SACRAMENT CHAPEL
CHOIR
MECHANICAL ROOM
3 SECTION E-E NORTH
4 SECTION F-F NORTH

横剖面

天窗细部及其色彩

祭坛与宗教功能的主体空间

入口细部

入口与行列仪式空间

独立住宅，
纽约，1993—1994

SINGLE-FAMILY HOUSE,
NEW YORK，1993—1994

威廉斯与钱以佳建筑事务所
合作：V.Wang

一束穿透整个建筑的自然光和一道围护家庭生活的围墙；我们可以这样描述这栋20世纪90年代上半叶建于纽约东72街上的不同寻常的独立住宅。

在纽约建筑乏善可陈的时期，它是一个值得关注的项目，同时，也是对19世纪中上层阶级独立住宅原型的重新阐释。

住宅用地规模9米×30米，原址上两栋建于19世纪末20世纪初的现代建筑被拆除。

新住宅夹在两个大小不同的传统砖石建筑之间，为了与整个街区建筑协调，沿街立面的开窗受到极大的限制，最终以在屋顶设置巨大的天窗解决了这一问题。

沿街立面分析草图

在几年之后的作品美国民俗艺术博物馆中，我们又一次看到这样的设计主题，在封闭的沿街立面、内部剖面和自然光的使用上很多相似之处，尝试采用手工抛光处理白铜的方法，对外表皮进行了更深入的研究。

沿街立面基本上是室内“空间体量设计”（Raumplan）的结果，笔直的纵剖面确定了传统家庭生活的空间序列，从地下室的游泳池开始到其上的厨房，再到一层的起居室和餐厅，接着是二层通高两层的大起居室，包含了书房和主人的工作室；客房布置在夹层，主人和佣人的卧室则在住宅顶上的两层。

室内空间在房间中央的大楼梯的统领下井然有序，楼梯环绕着一面巨大的墙体，直通下层的游泳池。正如沿街立面是封闭、与外界隔绝的，内向的一面则是可以俯瞰9米见方小花园的大玻璃窗，室内空间序列清晰可见。对装置设计和材料运用的不懈追求，既体现在精致的立面上，也体现在所有室内细部的设计上，从家具到起居室地毯。

沿街立面

朝向私人花园的立面

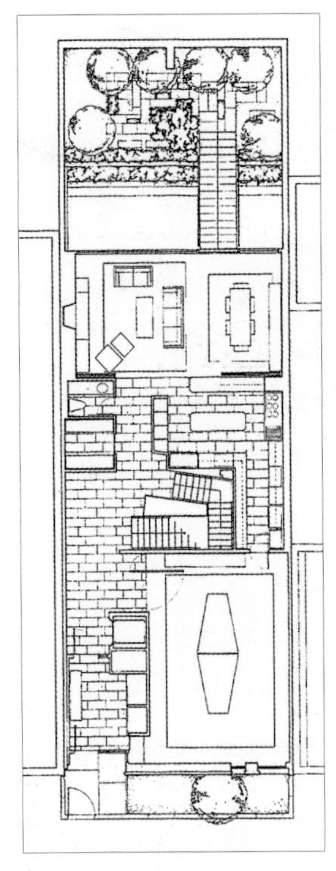
一层平面

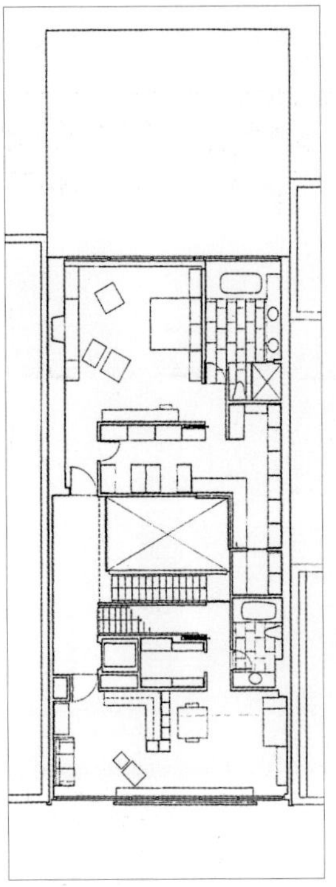
夹层

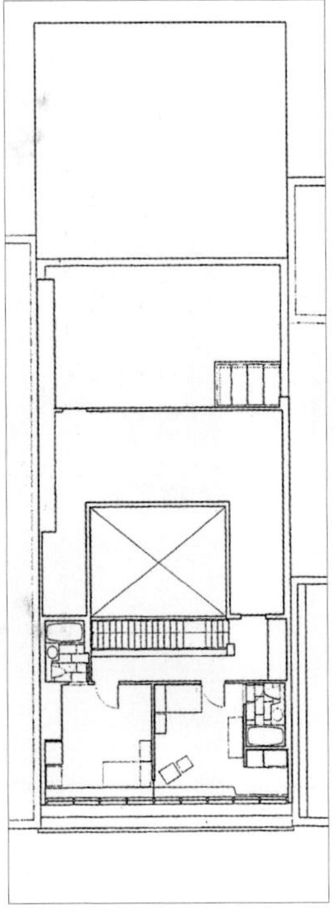
四层平面

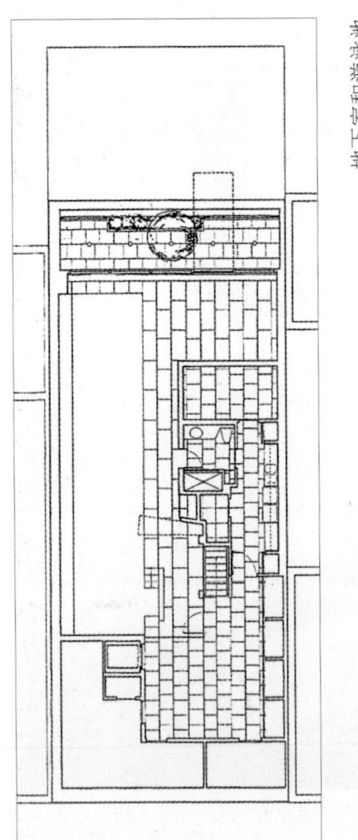
地下室和游泳池

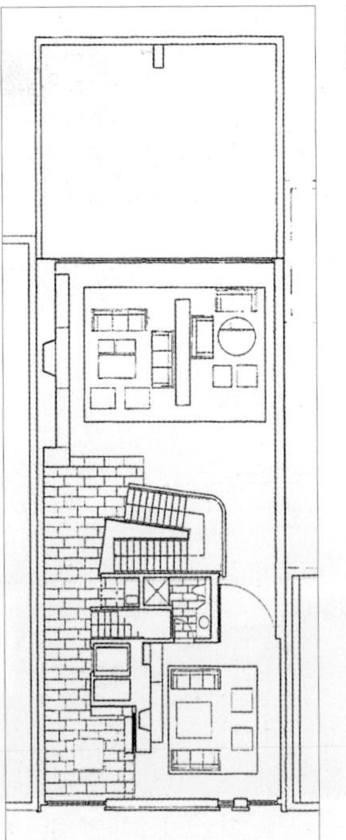
二层平面

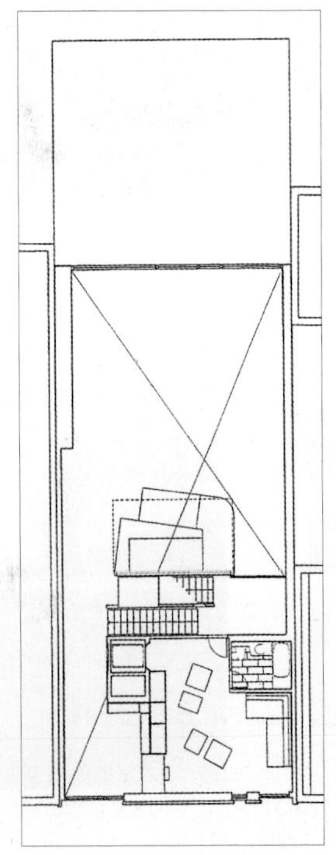
三层平面

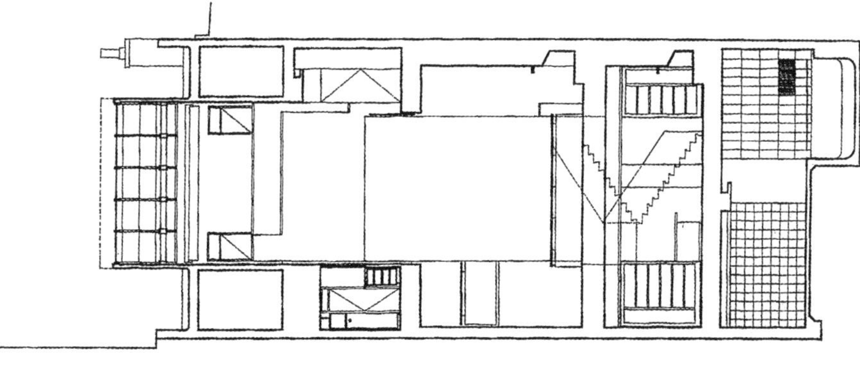

横剖面

沿街立面

地下一层的游泳池和私人花园

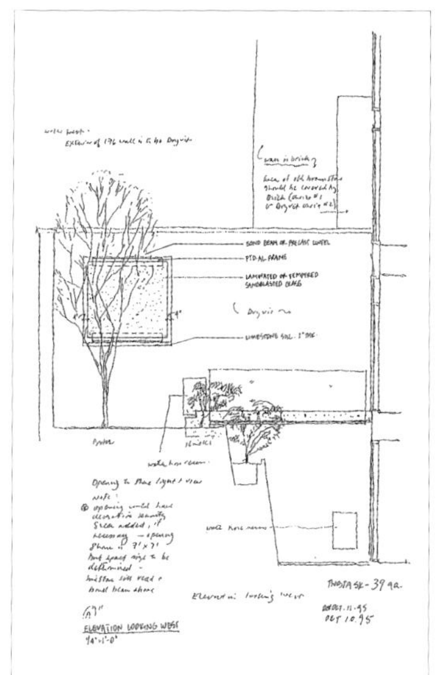

花园分析草图

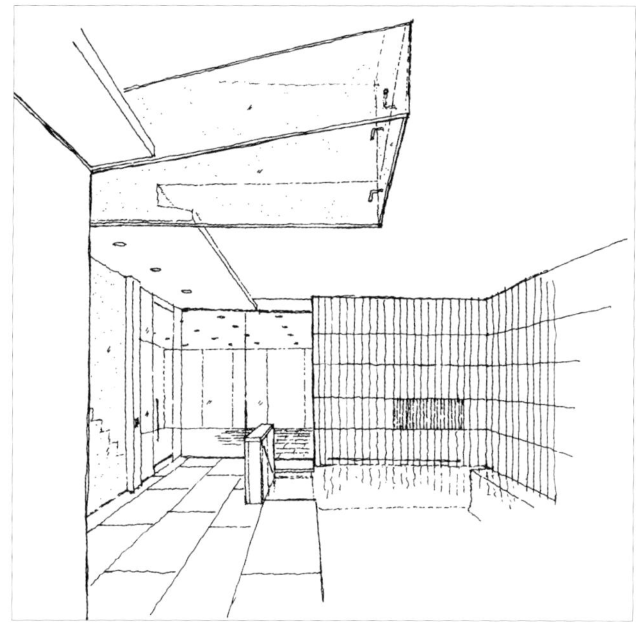

游泳池草图

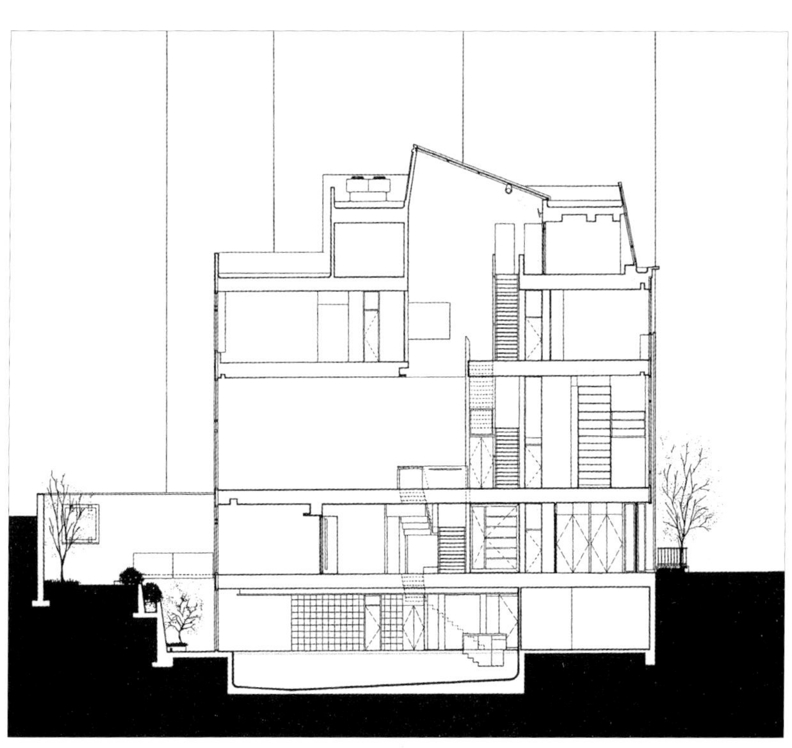

纵剖面

花园草图

私人花园

▶ 二层客厅

楼梯间细部

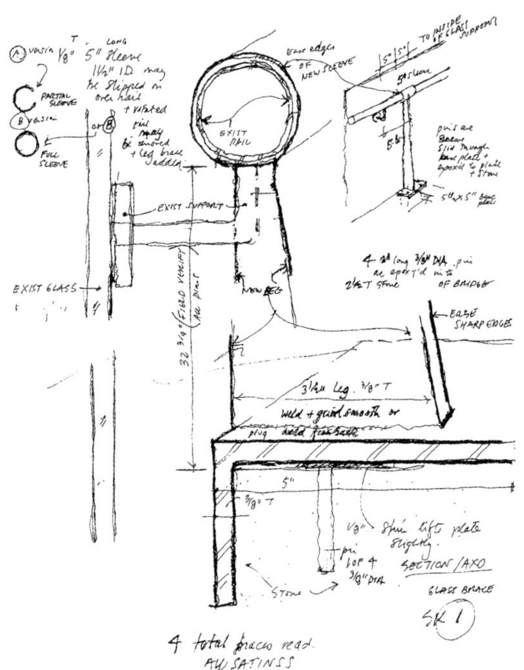

▲ 主楼梯扶手细部，初步草图

主楼梯细部

主楼梯玻璃棱镜细部

第三章

向……学习

CHAPTER THREE
Learning from...

“矩阵是一个计算机生成的控制我们的梦境。”

在梦境与梦魇的中间地带，一个戏剧化的场景中，反抗组织的领导莫菲斯向尼奥说明了矩阵的真相：表面上，我们生活在这个世界里，而事实上我们是被操控的。尼奥注定是帮助人类逃离机器奴役的救世主。

两个重叠的空间维度，其中一个掌控和支配着另一个，人类被迫生活在虚拟世界中，因为现实世界已经让人无法容忍：机器成为世界的主人，而人类仅仅被利用成为一种能量资源。

当然，人类的解放运动爆发了，这个过程始于一位上帝选择的英雄人物认识到真相（现实世界是笼罩着我们的单一神经元信息产品），然后领导人类的反抗组织走向胜利。

《黑客帝国》无疑是20世纪90年代大量有关互联网和全球网络题材电影中最为诡异而老道的作品。这是一部使人即刻就会将世界看做是炼金术过程的电影，并且让人看到我们与机器之间的关系中那些充满问题的黑暗的一面，人们看到的是某种虚拟的现实，是一种从我们人类在绝大多数情况下所处的可以触摸的物质性的维度，向一种超前方向的大幅度推进。

互联网和虚拟现实突然涌入到当代社会之中，这仅仅是在持续蜕变的情形下最后一次以现代性的思想介入到充满疑惑的关系中，但它足以影响到我们的时代感，我们的观点，以及我们生存的环境。

与此同时，现实领域之间的重叠日益加强，在过去的10年里发生了重大的转变，计算机网络系统迎合了社会和经济对信息的需求，深入并塑造了整个社会。

迈克尔·索金

布鲁克林码头区，纽约，布鲁克林，1991—1994年

信息技术，尤其是日常生活中互联网的使用，对我们栖居和工作的空间产生了深远的影响，社会空间的持续重组似乎让我们越来越具有紧迫感，因为想象到城市及其周边的区域将在未来的几十年内消失。

真实性在错综复杂状况的重压下不复存在，因为传统的分析区域以及经济、社会和物质结构的工具难以控制或描述这种复杂的状况。

20世纪90年代初期，利布斯·伍兹（Lebeus Woods）和迈克尔·索尔金（Michael Sorkin）创造出难以置信的城市景观，在无序的城市结构内部嫁接动物形象般的突变体，似乎要将梦境变成现实，但是，这些学者的幻想仍然与现实的城市及其内部存在的剧烈冲突相去甚远。

而社会与建筑形式之间关系的基本参照点之一——官方建筑文化，也难以做出回应。显然，当今官方建筑的姿态在空前壮观的形式建造的浪潮下大起大落，让我们进一步意识到，当代城市内部建筑物质形式的逐渐失语。

不管怎样，两者的设计态度无疑都揭示出，建筑业的运行和文化手段以及建筑师的社会角色处于决定性的转折期，从20世纪60年代下半叶开始，人们认为，专业领域的普遍觉醒是现代社会管理的依据。

过去10年间，美国建筑文化为这些转变提供了重要的机遇。让这些事件的意义如此重大的原因，可以确定为一系列相互交织的因素：是现代化、社会认同和苦心经营的极其激进复杂的交流方式之间关联的因素；是学术文化的阐释依然对某些政治和经济精英产生重大影响的现实；是一种设计和生产的因素，新技术和传统工具之间的关系尤其获得公开的探讨；最后，是知识环境，早在20世纪60年代初期，就发生了一连串理论和设计的阐释，能够影响建筑行为的认识环境。

事实上，它可以抽象为流体建筑（Blob architecture）的思想——当今最流行的形式风格——或是彼得·埃森曼和弗兰克·盖里近期的设计，这种自发的表达方式仅与项目形成一种“艺术的”、个人的联系。我认为，更重要的是强调美国建筑文化重要地位的塑造，自我反省并思考当代设计背后的动因，由此形成20世纪末更重要的、理性并具创造性的实践。

自“二战”结束以来，关于现代性的争论进一步凸显，对峙或极端的对立是国际建筑文化的一部分，在这样的背景下，罗伯特·文丘里和丹尼斯·斯科特·布朗的著作，尤其是发表于20世纪60年代末的作品成为一个转折点，无疑是近阶段最重要的理论根源之一。

从这个阶段开始，我们可以看到大致两种趋势在艰难的对话中抗衡。这两种趋势无疑影响了美国建筑并成为大学里激励争论的话题：一方面，文丘里和斯科特·布朗开创的平民论的倾向，提出城市内部的建筑逐渐消失的观点；另一方面，20世纪70年代初纽约五人组和《反对》（*Opposition*）杂志开始对危机做出正式的回应，回归现代主义运动的本源。

罗伯特·文丘里
草图

同时，与不同的设计和语言相应的是不断地对建筑设计和交流工具提出质疑，明确提出在持续变化的环境下社会和物质实体之间的关系成为一道难题。社会对建筑的理解主要存在的问题是如何描述整个20世纪现代文化的特征。文丘里或其他学者推崇的夸张的波普艺术，现代主义精确的终止时间，都环绕着这样的问题展开，大都市环境逐渐成为设计难以避免的背景。

围绕这些问题的核心，过去20年的情况已经取得了可观的进展，并在关于“批判地域主义”的争论下得到充实。“批判地域主义”作为一种分析方式，能够让我们重新发现新古典主义风格，以及 “迪斯尼形象”为主导的“后现代”商业化的冲击。在其背后存在的问题是，道德和政治的价值观逐渐丧失，这种价值观是建筑设计参照的因素之一，更持久地关注实物而非它的社会影响。

内部的争论逐渐集中在形式和语言问题上，彼得·埃森曼和罗伯特·文丘里的反对，通常带有明显的意识形态的行为，难以将设计形式与理论探索结合。

在建筑学与社会表达之间的关系上，文丘里仍无畏地坚持一连串的改变，探索一种能够融入城市同时能成为城市象征的建筑。

而埃森曼的手段和方法则更加复杂，他探索一种标志性的符号和元素，用以将设计更多地与地域的深层次结构联系起来，同时结合美国环境中更活跃的、矛盾的、有趣的“宣传”活动。

一个重要的例子是创立于1990年的“ANY”学术论坛和同名杂志，将埃森曼视为最活跃的建筑师之一。不同寻常的是，它的交流范围扩展到全球，当然也是美国20世纪90年代最先锋活跃的论坛之一，参与的成员包括矶崎新（Arata Isozaki）、德索拉·米拉雷斯（Ignasi de Sola Morales）、雷姆·库哈斯（Rem Koolhaas）、弗兰克·盖里（Frank Gehry）、丹尼斯·李布斯金（Daniel Libeskind）、拉菲尔·莫尼欧、伯纳德·屈米（Bernard Tschumi）和雅克·德里达（Jacques Derrida），还有一些年轻的人才，比如格雷格·林恩（Greg Lynn）、桑福德·昆特（Sanford Qwinter）、比特瑞兹·科罗米娜（Beatriz Colomina），安东尼·维德勒（Anthony Vidler）和伊丽莎白·迪勒（Elizabeth Diller）。

全球范围的学术交流和思想碰撞，在美国的大学中引起反响，同时一些在国际舞台上最具影响力的人物也走进大学校园。

从20世纪80年代末开始，雷姆·库哈斯和拉菲尔·莫尼欧来到哈佛大学设计学院，伯纳德·屈米到了哥伦比亚大学。与此同时，麻省理工学院、南加州建筑学院和库伯联盟学院也频繁地向建筑师发出邀请并组织论坛，通过重新确立美国大学在国际讨论中的重要位置，丰富了辩论的内涵并提升了建造的品质。

MOMA关于解构主义的展览，是几位解构主义代表人物在美国的首次集中亮相。解构主义将发展中的理论和设计结构结合，不仅促进了对新语言的掌握，更推动了人们思考当代建筑的任务，尤其是表现、新技术应用和形式设计之间的关系。

ANY杂志创刊号，1993年

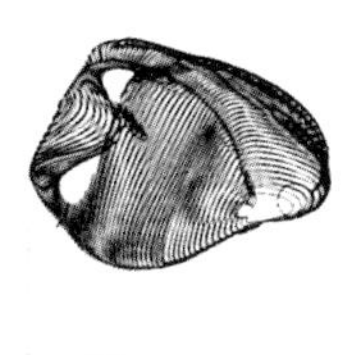
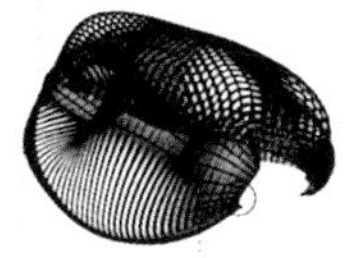
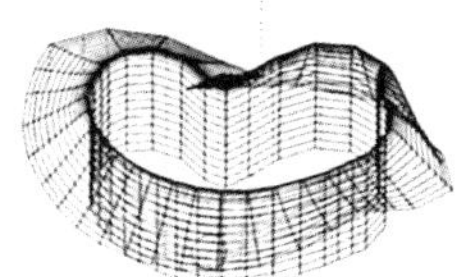
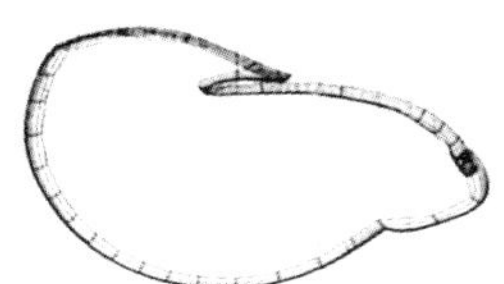

格雷格·林恩
胚胎住宅，1998年

这次展览对格雷格·林恩、渐近线事务所、朱永春（Karl Chu）和科拉坦/麦克唐纳工作室（Kolatan / MacDonald Studio）的实践产生了直接的影响，他们是美国所谓流体建筑的倡导者，流体建筑是20世纪90年代后期转变阶段的代表，与此同时，它也是一种语言，对建筑、通讯、虚拟和新经济之间的微妙联系，做出的一种合理的回应。

我们讨论的不是精美的网页设计（像人们经常讽刺的那样），而是一种不同的建筑设计手法的出现，在面对社会和经济需求时，建筑会产生强烈的变形。渐近线设计的虚拟古根海姆，或是格雷格·林恩设计的胚胎住宅中的聚集生物，在这个领域迈出了尝试性的第一步，他们期望通过设计和表现工具的改革建立自己的基础，同时反映人与虚拟世界的关系。在这一阶段，真正的风险在于自我参照的形式因素忽略了真实的城市，躲避到难以实现的完美的形式乐园中。我们经常会发现，面前的这些作品更注重壮观的、传媒推广的效果，而对建筑形式和实用建筑技术之间不可避免的、易逝的关系缺乏关注，比如，外形/表皮与结构之间的分离也是被忽视的问题。

利布斯·伍兹(Lebbeus Woods)
哈瓦那项目，哈瓦那，古巴，1995年

从某种角度来看，迪勒+斯科菲迪奥（Diller+Scofidio）建筑事务所的作品则有些与众不同，看起来更加成熟。他们通过临时性装置的设计，试图在使用者、相关空间和实验性地运用新的技术与材料之间，建立更积极、更具参与性的关系。这些装置尝试引导观者偶尔超越现实，告别浮躁，将注意力凝聚到一个焦点上，在建筑世界之际创建了一种界面，试图理解变化，同时在其他领域里寻找类似的工具。在这种刺激和持续不断的教导下，现实的都市会变得更加丰富。

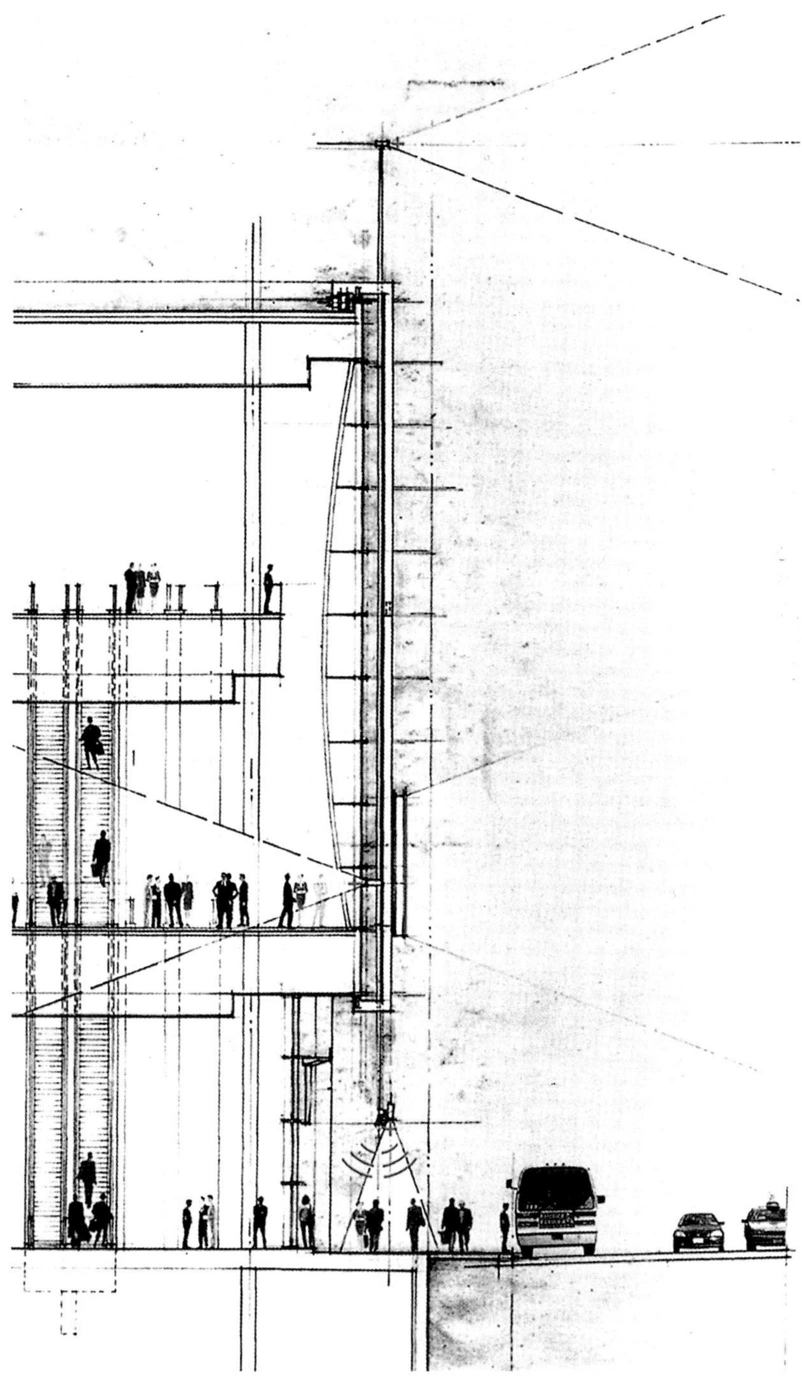

迪勒+斯科菲迪奥建筑事务所

固定装置，旧金山，1991—2002年

西雅图艺术博物馆，
华盛顿州，西雅图，1984—1991

SEATTLE ART MUSEUM,
SEATTLE，WASHINGTON，1984—1991

文丘里与斯科特・布朗建筑事务所
合作：奥尔森/桑德博格事务所（Olson/Sundberg Arch）

西雅图新艺术博物馆的设计与伦敦国家画廊的扩建工程（1986—1991）同期进行，它的建造以实物形式回应了20世纪八九十年代有关美术馆新形式的辩论。

与罗伯特・文丘里和丹尼斯・斯科特・布朗设计的很多工程相似，新艺术博物馆对空间的选择、装饰物的使用及理论构想都旨在为建筑物形式添加一种交际功能，这种交际功能可以在社会与其自身的复杂性之间建立一种新的联系。

传统观念认为博物馆是一个“通用的仓库”，一个灵活的非侵入性的空间，可以满足各种各样的展览和社会条件下的复杂需求。在与当代建筑师“表达主义和梦幻主义”博物馆设计理念的微妙论战中，文丘里的设计理念成为对传统思想的补充。

博物馆全景

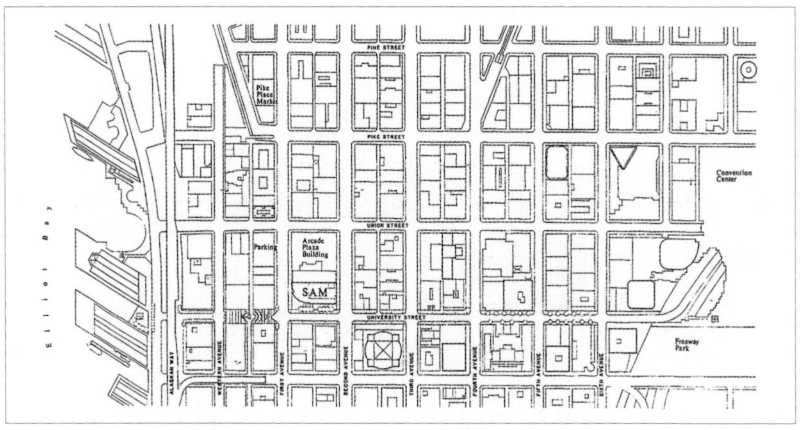

PINE STREET
Pike Place Market
PIKE STREET
Convention Center
UNION STREET
Parking
Arcade Plaza Building
SAM
UNIVERSITY STREET
Freeway Park
Elliot Bay
ALASKAN WAY
WESTERN AVENUE
FIRST AVENUE
SECOND AVENUE
THIRD AVENUE
FOURTH AVENUE
FIFTH AVENUE
SIXTH AVENUE

▲ 博物馆与城市

▼ 分析草图

SEATTLE ART MUS
KHULAFA ST. BLDG
SB

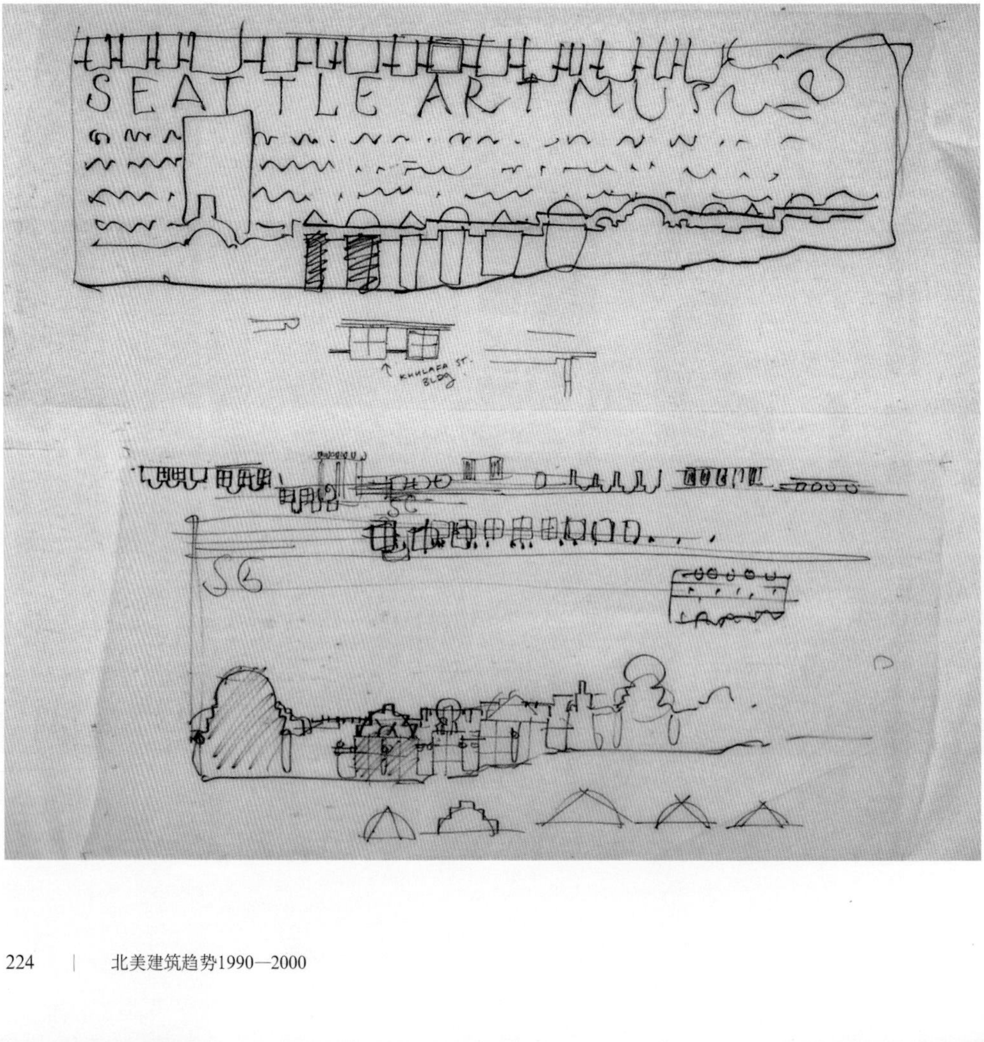

委托方意欲把博物馆建造成一个承办各种与城市社区有关的活动场所，可以举办研讨会传播知识和交流信息，提供行政办公空间，同时也能够容纳亚洲、非洲和美国本土的重要艺术收藏品。

整个项目坐落于西雅图的闹市区，周边街道布局极为紧凑，绝大多数为商业区、服务业区和中产阶级的居住区。

整个建筑提供了一系列有趣的形式和位置方案，旨在加强艺术博物馆在西雅图城市中的公共、民用和友好的角色，从而融入到周边的环境中。

两个主入口位于两个“稍小”立面上，正对第一大街和第二大街，这两条平行道路的高度有所不同，由主侧面的一条长长的楼梯连接。

第一大街上入口处的正面是半圆状，与网格状城市格局形成鲜明对比，入口处矗立一尊乔纳森·博罗夫斯基(Jonathan Borofsky)雕刻的巨大的名为“舞锤人”的雕像，向游客发出令人无法抗拒的邀请。

博物馆所有大大小小、尺寸不一的正面可以被看做是连续的对话，在这个对话中，大门和各个正面切分顺序的装饰性方案与硕大的博物馆蚀刻馆名、石料镶板上的开槽和凹槽相辉映，博物馆内部巨大的楼梯从下层门厅延伸至展览厅，与博物馆外的楼梯相呼应。

文丘里和斯科特·布朗将博物馆设计成一个巨大的封闭的盒子，因此博物馆内部空间全部需要人工照明，他们强调建筑外部的装饰要素，以寻求建筑与城市的关联。

正如伦敦国家画廊和休斯敦的儿童博物馆（1982—1992），主楼梯成为设计中不可或缺的重要元素，它将博物馆映射到城市中，反之亦然。楼上两层展览厅的排列，则遵循艺术品和游客之间的关系进行了标准的而非侵入性的设计。

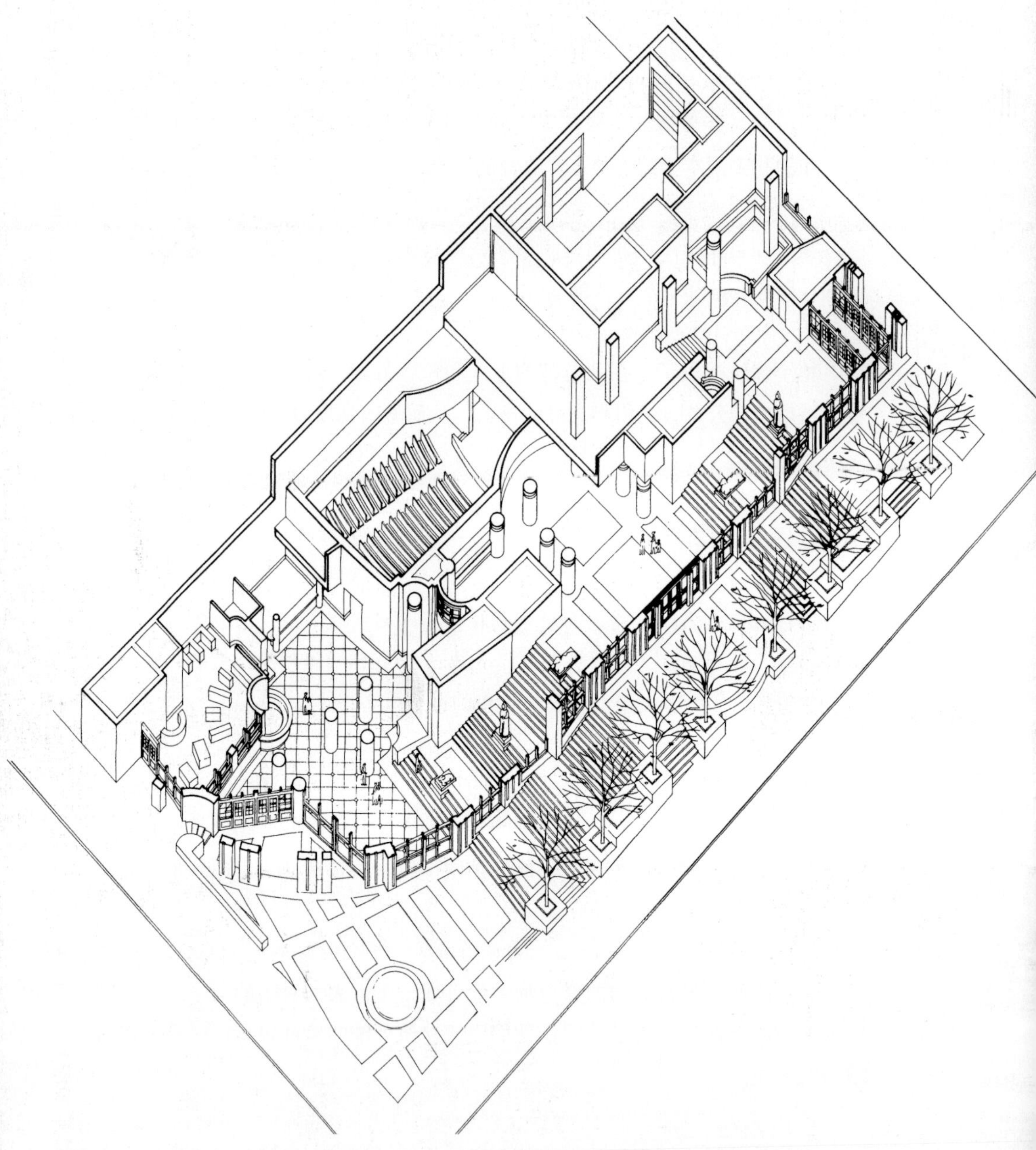

轴测剖视图

博物馆入口与乔纳森·博罗夫斯基的雕塑“舞锤人”

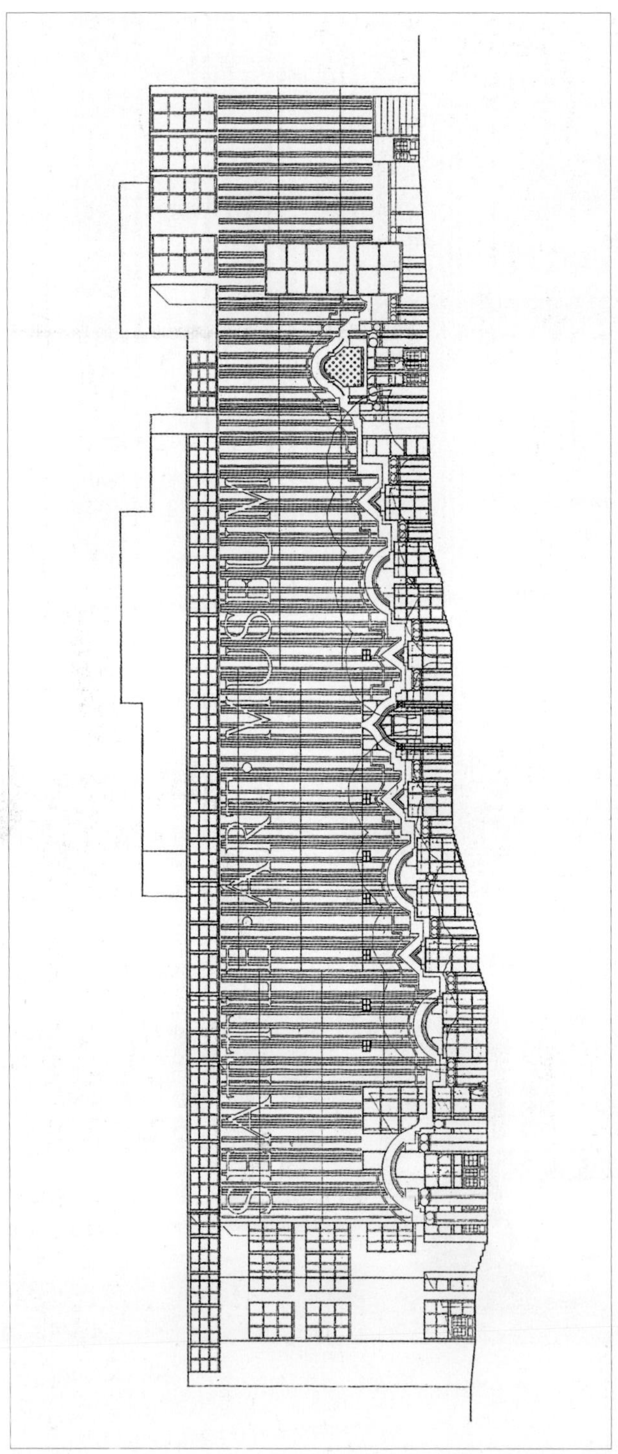

▲ 大学沿街立面

▼ 主立面入口细部

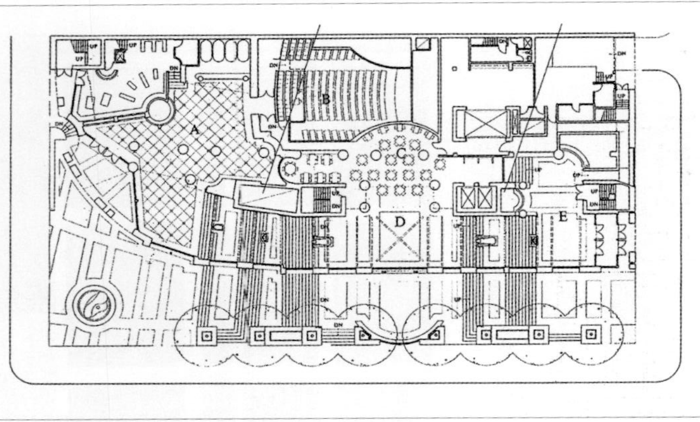

一层平面

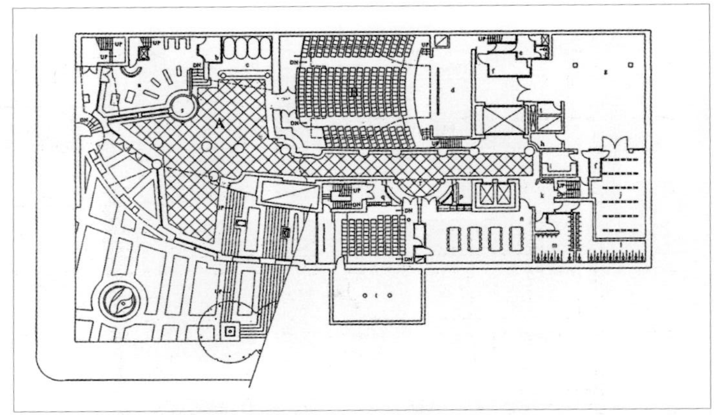

二层平面

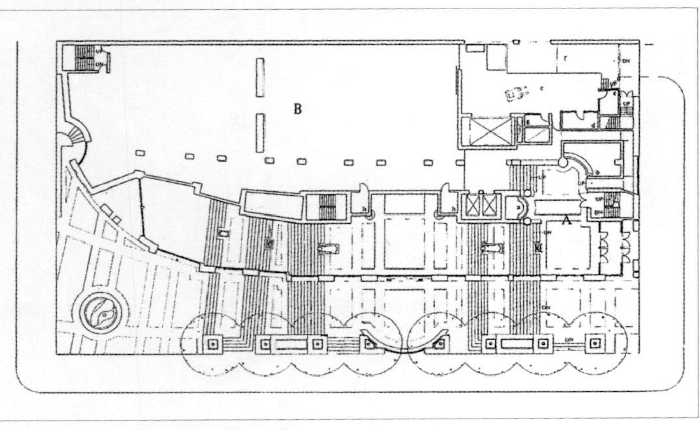

三层平面

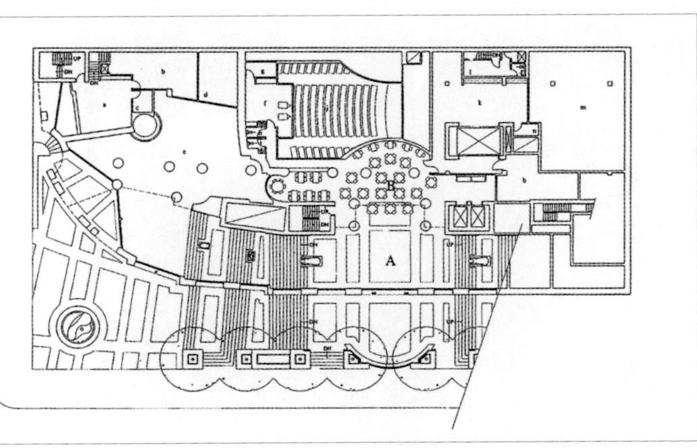

夹层

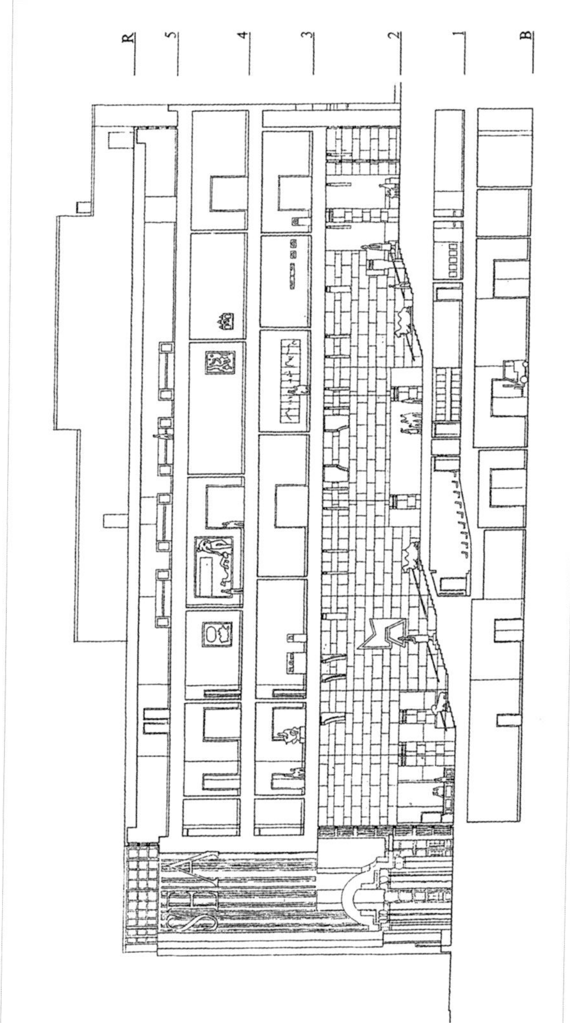

纵剖面

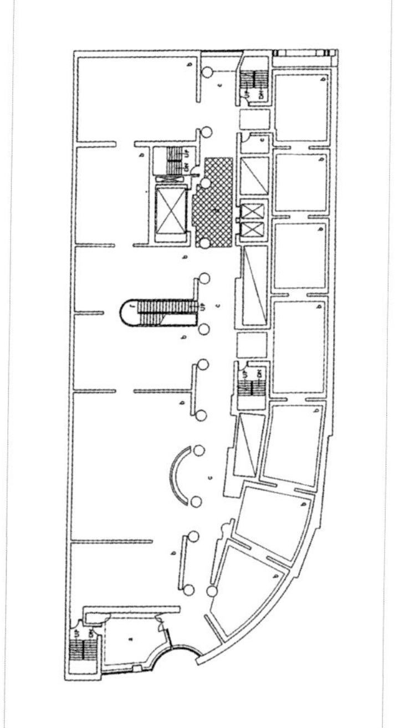

四层平面

三层的大厅

▶ 通往博物馆空间的主楼梯

入口

展厅

弗雷德里克·R.魏斯曼博物馆，明尼苏达州，明尼阿波利斯，1990—1993

FREDERICK R. WEISMAN MUSEUM,
MINNEAPOLIS, MINNESOTA, 1990—1993

弗兰克·盖里
项目负责人：R.海尔（R. Hale）
合作：V.詹金斯，（V. Jenkins，M.Fineout，E.Chan）

“因为考虑到明尼阿波利斯的阳光，我们决定给魏斯曼博物馆覆以闪亮的外壳：最后我意识到这种方法是可行的。”

——弗兰克·盖里

20世纪90年代初期，盖里接手了三个不同的博物馆项目：托莱多艺术博物馆、明尼阿波利斯的魏斯曼博物馆和毕尔巴鄂古根海姆博物馆的一期工程。这三个项目记录了这位加拿大出生的建筑师设计概念上的重要发展，以及人们批评性地接受他的过程。

研究草图

这些项目依次揭示了他对材料的不断发现和探索，对材料的运用同时也是一种诗意的直觉：与之并行的是他将动态形式运用到建筑形体中的研究，在过去20年里，它逐渐成为盖里设计的标志性手法。

因此，托莱多博物馆的雕塑般的构成与施纳贝尔住宅的形体组合相似，这似乎是几年前以欧洲维特拉项目开启的第一阶段的圆满收尾。在这个项目中，采用涂铅铜作为各种结构形体的覆层，为正在进行的结构与表皮之间复杂关系的研究作了铺垫。

用镀锌钢板取代笨重的涂铅铜是一次重要的转变，镀锌钢板最终确定并运用在毕尔巴鄂古根海姆博物馆项目中。看上去，空气似乎最终能穿过那些将建筑物的独特框架与纤弱表皮分离的空隙。

走廊上的一个颤抖似乎就能让整栋大楼微微颤动，让人感受到整个建筑的脆弱和它的闪烁之美。

与此同时，魏斯曼博物馆也表露出对环境的微妙情感。为了寻求建筑各个立面与周围环境间的视觉及材料关联，盖里有时会在其设计中体现出这种情感。

在这个项目中，位于明尼苏达大学校园边缘、密西西比河畔的魏斯曼博物馆不得不承担起城市和区域的双重任务，成为城市和大学之间的联系枢纽，同时也成为明尼苏达大学沿密西西比河畔的正面。

所以，建筑覆面材料的选择与博物馆所处的场所呼应，倒映在河中的建筑立面采用不锈钢材料，而侧面朝向较为传统的大学校园的立面则采用砖墙。

倚靠在河畔斜坡上的新建筑地上共四层，俯瞰密西西比河，盖里巧妙地在二层楼上设计了一个技术区和一个覆顶的停车区（可停放120辆汽车）。

第三层同样用作技术用房、博物馆仓库及停车场入口坡道，将博物馆与校园旁边的一条主干道直接连接起来，同时设有一条人行道确保步行通道延伸至主楼层和大厅。

第四层是博物馆最具代表性的空间，这里的画廊陈列着魏斯曼的收藏品。一系列以雕塑手法处理的天窗，将自然光引进博物馆室内。另外，第四层的中心区是一个1500平方英尺（约140平方米）的礼堂，可用于视听表演。礼堂是由一系列移动式面板组成，并与俯瞰密西西比河的大厅相连。

博物馆顶层用作行政管理办公室，位于河畔的高点。

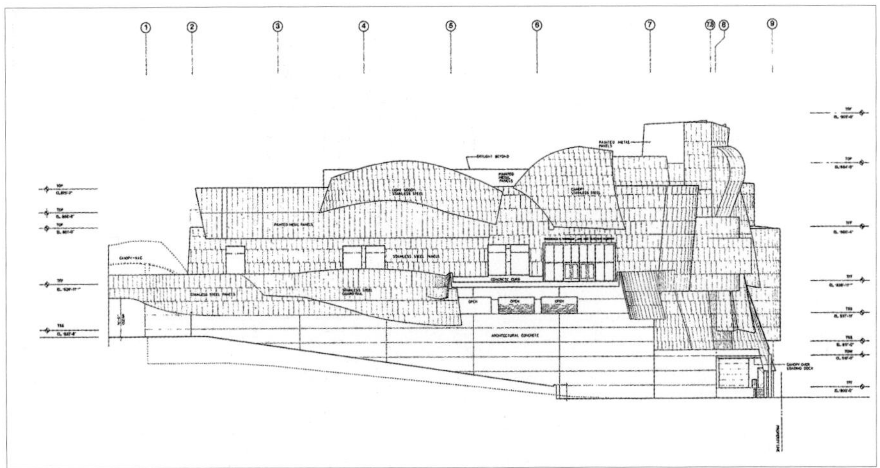

南立面

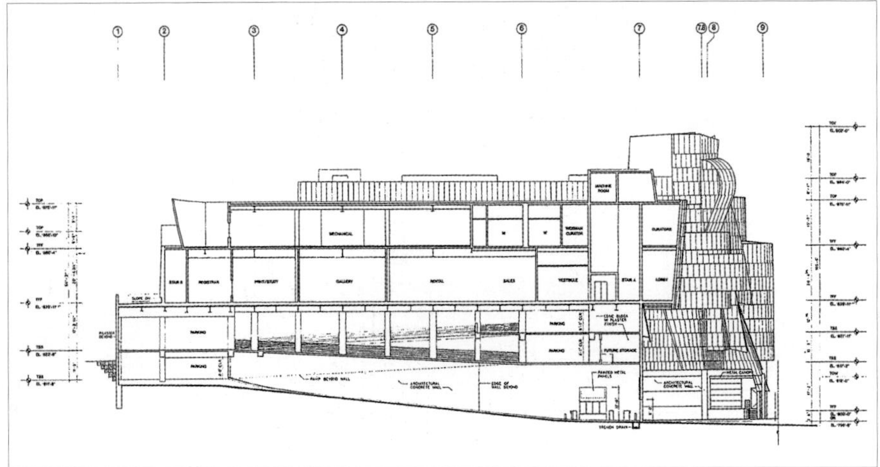

从南至北
纵剖面

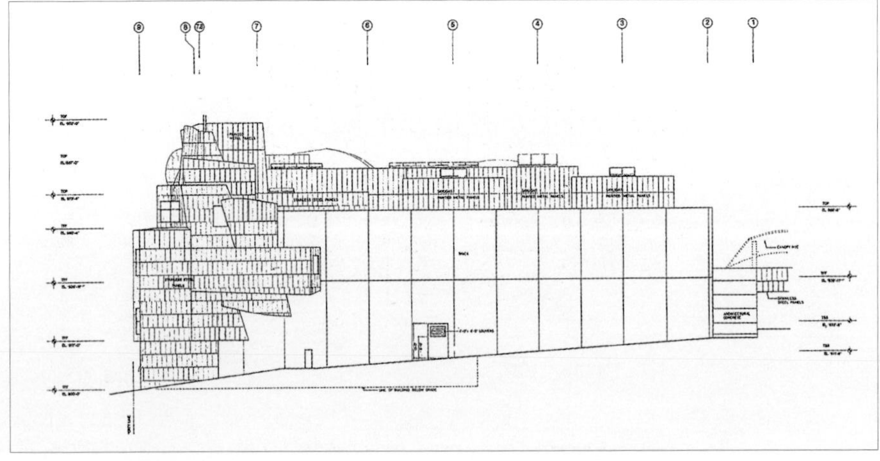

北立面

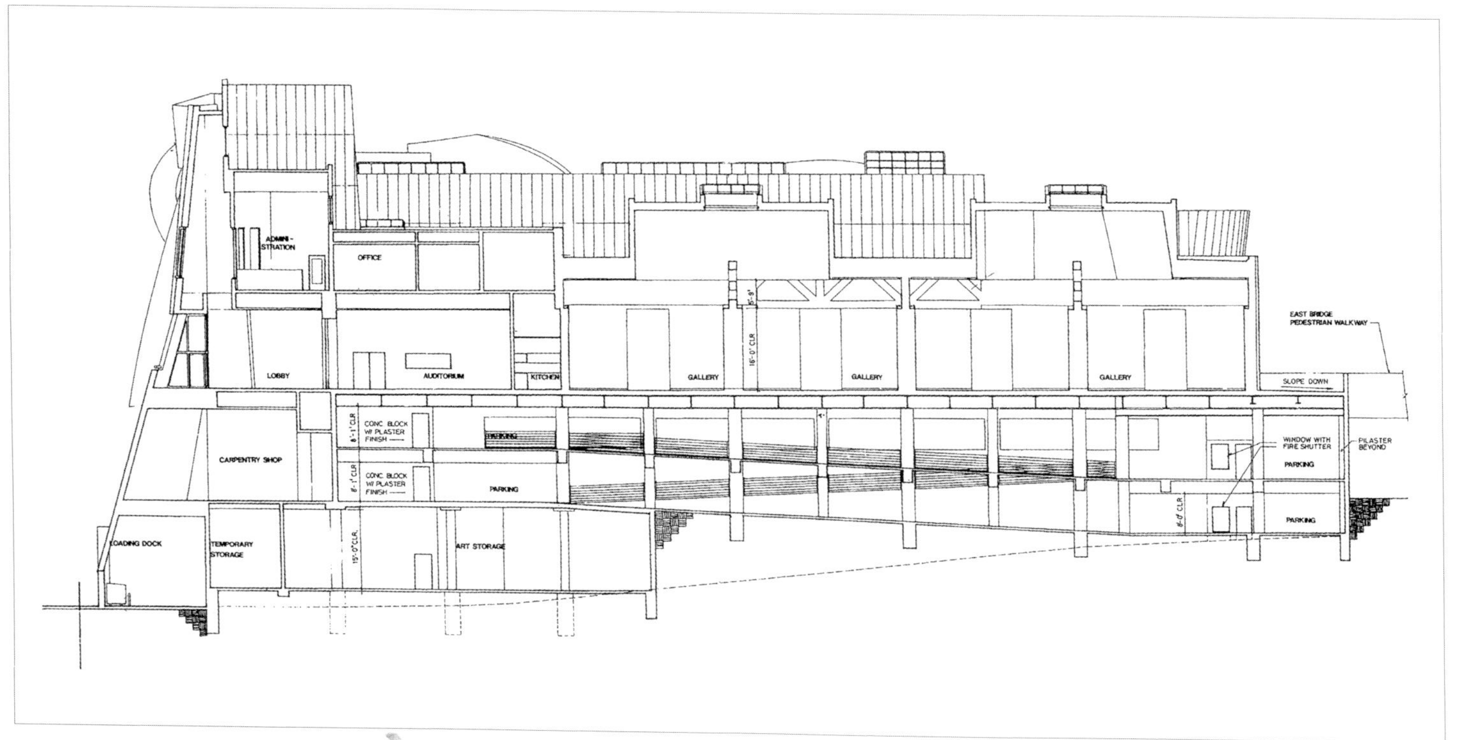
ADMINI-STRATION
OFFICE
LOBBY
AUDITORIUM
KITCHEN
GALLERY
16'-0" CLR
GALLERY
GALLERY
EAST BRIDGE PEDESTRIAN WALKWAY
SLOPE DOWN
CONC. BLOCK W/ PLASTER FINISH
8'-1" CLR
PARKING
CARPENTRY SHOP
CONC. BLOCK W/ PLASTER FINISH
8'-1" CLR
PARKING
WINDOW WITH FIRE SHUTTER
PILASTER BEYOND
PARKING
8'-0" CLR
PARKING
LOADING DOCK
TEMPORARY STORAGE
15'-0" CLR.
ART STORAGE

从北至南纵剖面

博物馆北立面

博物馆北立面细部

外立面细部

博物馆与周边的环境

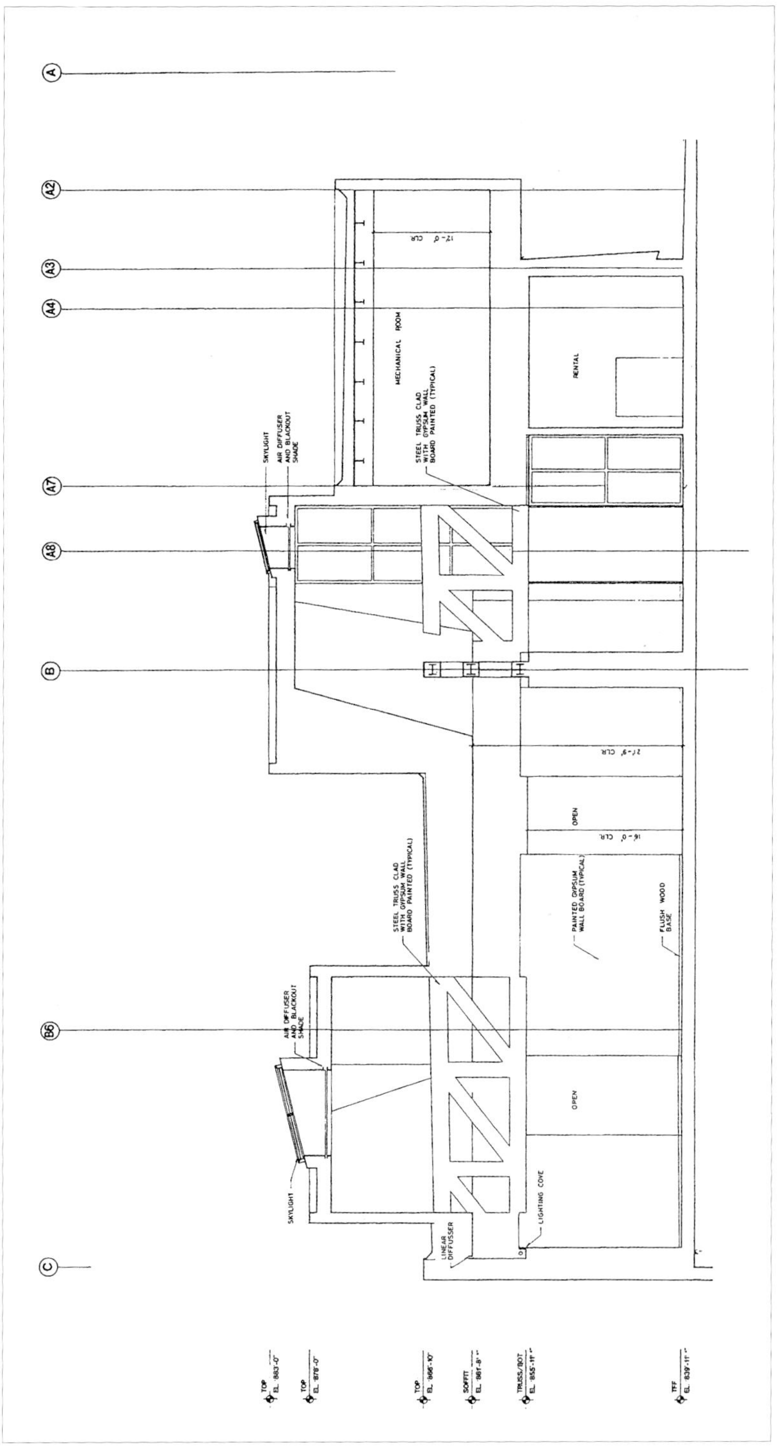
A
A2
A3
A4
A7
A8
B
B6
C
12'-0" CLR.
MECHANICAL ROOM
RENTAL
STEEL TRUSS CLAD WITH GYPSUM WALL BOARD PAINTED (TYPICAL)
SKYLIGHT
AIR DIFFUSER AND BLACKOUT SHADE
27'-9" CLR.
OPEN
16'-0" CLR.
PAINTED GYPSUM WALL BOARD (TYPICAL)
FLUSH WOOD BASE
LIGHTING COVE
LINEAR DIFFUSSER
TOP EL. 883'-0"
TOP EL. 878'-0"
TOP EL. 866'-10"
SOFFIT EL. 861'-8"
TRUSS/BOT EL. 855'-11"
TFF EL. 839'-11"

画廊横剖面

▲ 展厅

▶ 画廊室内

天窗下的横梁

阿朗诺夫设计艺术中心，俄亥俄州，辛辛那提，1986—1996

ARONOFF CENTER FOR DESIGN AND ART,
CINCINNATI, OHIO, 1986—1996

彼得·埃森曼
合作：G·凯温，R·罗松，D·巴里，G·林恩，M·麦金塔夫，J·沃尔特斯（G.Kewin，R.Rosson，D.Barry，G.Lynn，M.McInturf，J.Walters）

阿朗诺夫设计艺术中心是彼得·埃森曼的设计生涯中最为复杂并精心建造的项目之一，它是辛辛提那大学校园总体改造项目的一部分。这个总体项目还包括弗兰克·盖里、迈克尔·格雷夫斯、贝·考伯·弗里德及合伙人建筑师事务所、文丘里和斯科特·布朗等人的设计作品。

整栋建筑的总占地面积为25000平方米，是对原有建筑的改造并加入新的元素。它可容纳2000名学生和研究人员，从而构成了设计、建筑与规划学院的核心组成部分，总投资3500万美元。

此项目是埃森曼继俄亥俄大学韦克斯纳艺术中心（Wexner Center，1983—1989）和柏林查理检查哨旁的集合住宅IBA（1981—1985）设计之后，首批城市规模

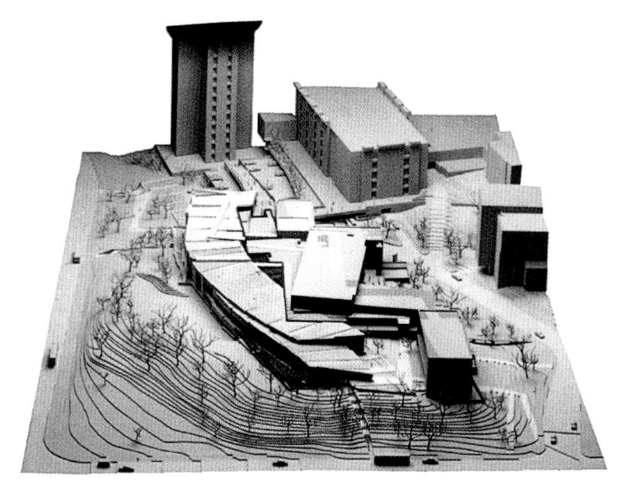

总体模型

的设计之一。它带来一种更大范围的思考，在设计工具——复杂的图示和环境（场地）之间建立一种关系。

在这里，对原有校园场地的扩建和改造促成了新元素的介入，始建于20世纪60年代的建筑沿周边地形的曲折呈一个巨大的“Z”字形，这栋建筑直接成为这位纽约建筑师参照的文本之一，由此形成一系列新项目设计的基本准则。

这并非机械的演绎做法，而是尝试采取一种带有疑问的方式应对一个没有任何基本准则可循的环境。

这栋建筑因而成为理论反思的工具，是工作进程的具体表现，持续的活动使建筑充满活力，同时，它也让艺术和建筑系学生直接体验到现实的复杂性。

扩建工程中，埃森曼融合了认知和设计双重系统，生成最终的结构：原有建筑物断断续续的轮廓线被重新塑造，形成一个新的聚合空间，地平线上出现一条曲线，被认为是“没有中心的曲线”，也就是说，这条曲线是无限分割线，而不是一个既有圆形的衍生。

设计和创作过程中遵循了“对称破缺”的原则，也就是说，建筑师试图通过非线性逻辑使复杂的事物形象化，由此便出现了这样一栋建筑：建筑师希望用来“改变现实而不是反映现实”的建筑。

扩建部分与原有建筑完美地融合在一起，叠放在三个不同水平面上，这三个水平面组合在一起，因而扩大了会面、互动、坦诚相待、交流及探索的空间。

建筑物内部设有一条街道和一系列斜坡，在天窗的自然光和设计精美的霓虹灯的点缀下，把会议厅、图书馆、研讨会所、教室和餐厅连接起来，从而为这栋建筑引入了与多数大学校园的学术氛围相异的都市体验。

在阿朗诺夫设计艺术中心的外部，地板的复杂设计直接显示出强烈的设计概念。地板上有很多突起部分和孔洞，11种不同色彩的运用强调了突起的部分和孔洞，而饰面则进一步加强了这种效果。

东北入口

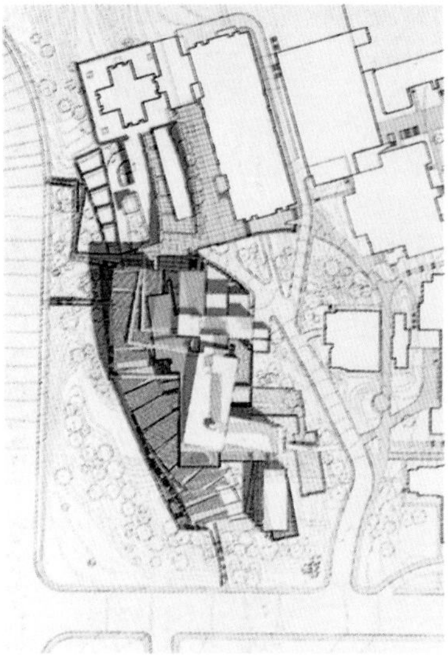

一层平面

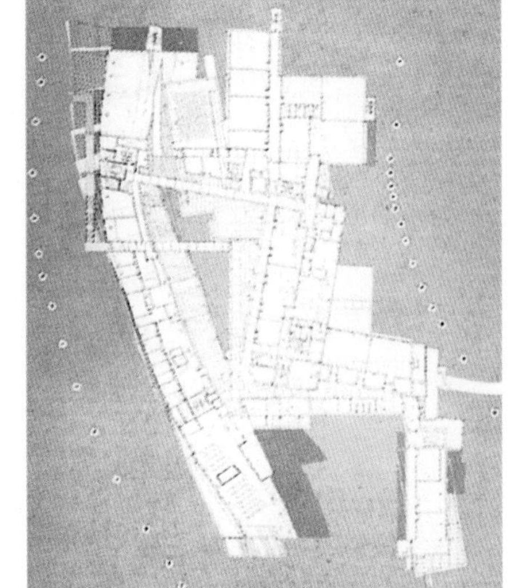

屋顶平面

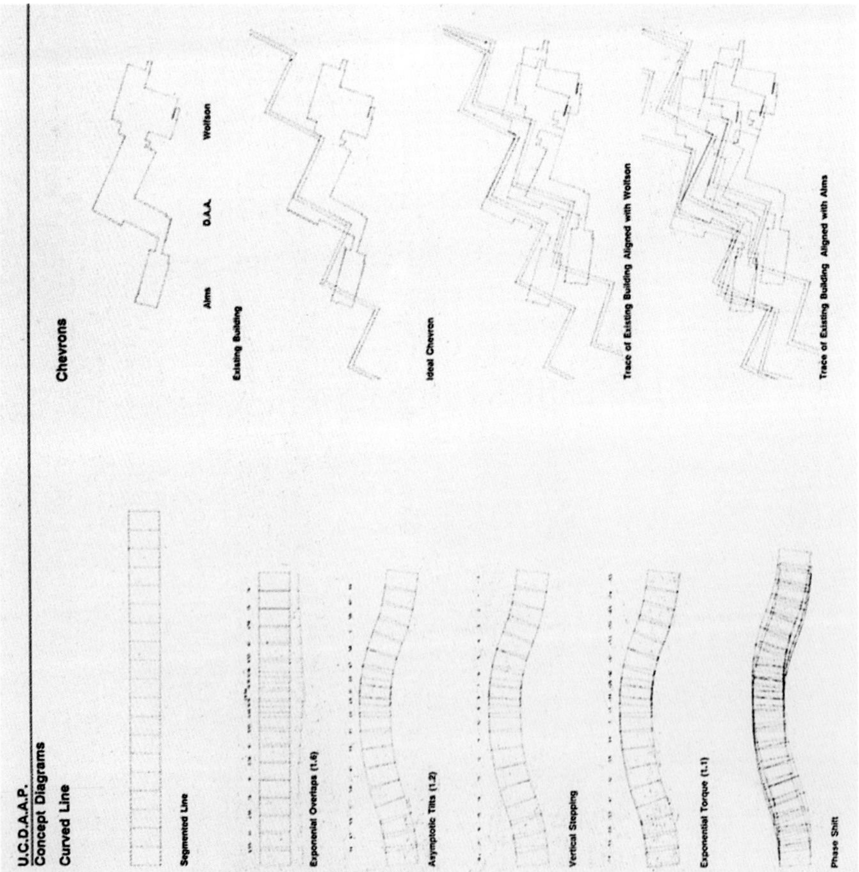

概念图解

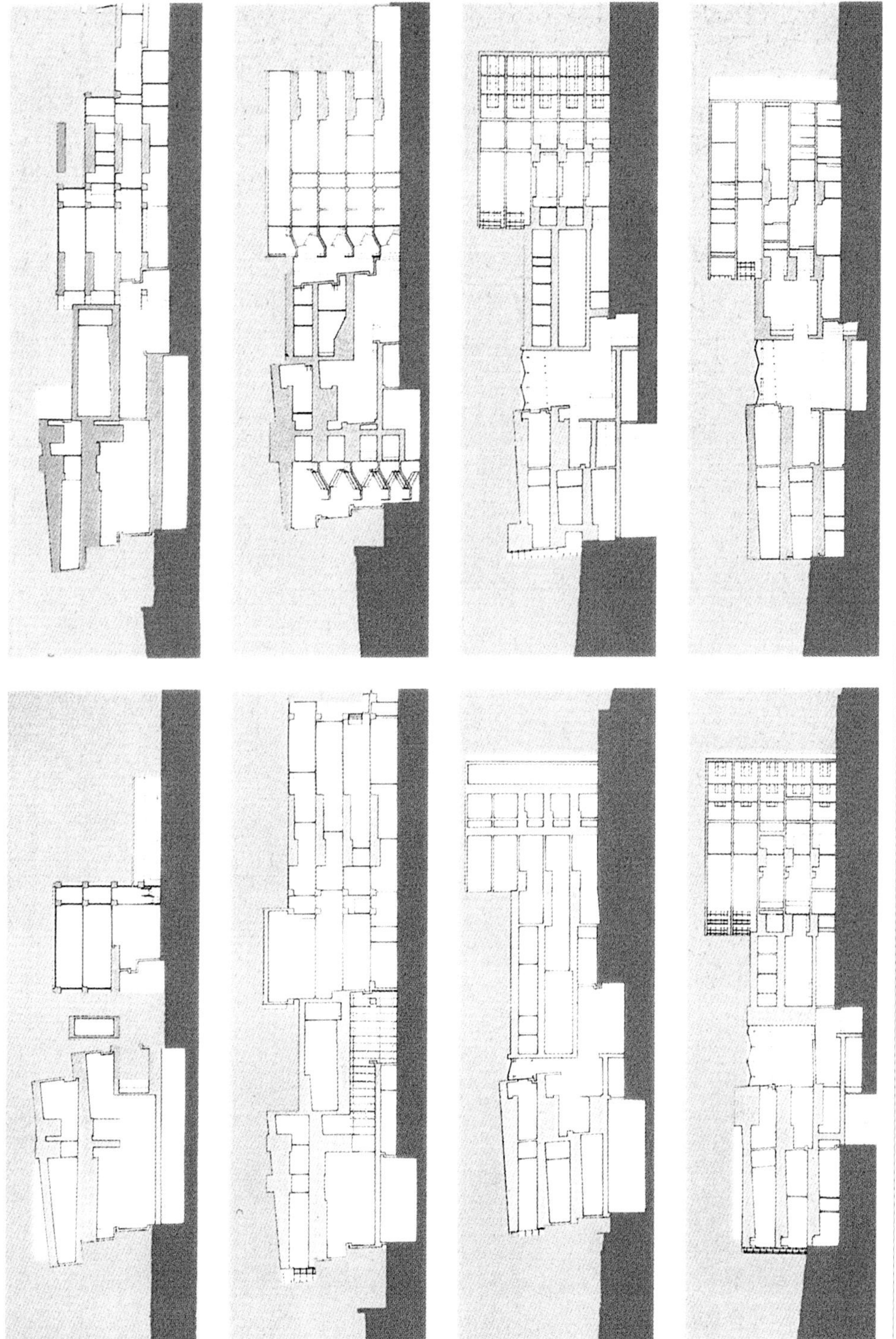

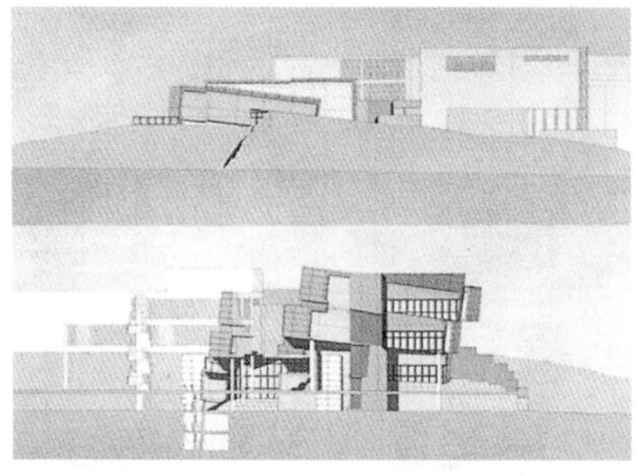

西南和东北立面

建筑剖面模型

北立面

北立面细部

内街

门厅

三层的楼梯通道

通往图书馆的走廊和通往三层的楼梯

报告厅

三层的室内空间

纽约证券交易所室内扩建，1997—1999

INTERIOR EXPANSION OF THE NEW YORK STOCK EXCHANGE, 1997—1999

渐近线建筑事务所
莉泽·安·库迪尔（Lise Anne Counture）和阿尼·拉希德（Hani Rashid）
与E. 迪杜克（E.Didyk），J. 科里特（J.Cleater）

纽约证券交易所的高级操作中心以及计算机衍生设计是一个新的服务性建筑的有趣实例。在这座建筑中，虚拟的和真实的空间实现了完美融合。

事实上在这个项目中，委托方要求对证券交易所二楼的室内进行改造。那是一个非常狭窄的空间，仅仅是主交易厅和“蓝屋”之间的过道，对其进行扩建是为了让正在进行的交易中的庞大数据和复杂状况可视化，同时也是为了重新设定一个虚拟空间，为交易者和投资客提供更多潜在的可能性，去了解和介入各种金融市场。

两个设计的主要区域是持续的数字流，目的是实时感知市场的变化，找到易于定位的可能性，并获得简单介入的途径。

扩建部分全景

这个空间完全与新经济原则保持一致，它充当了过去10年美国经济的调速轮，颠覆了传统的金融法则，并不断加快了时效关联的速度。

设计核心是3DTFV（Three Dimensional Trading Floor，三维交易楼层）计算机系统的应用。这个三维可视系统可以将信息和数据不断传输到60个超平液晶显示器上，这些显示器被挂在两面墙上，构成一个全新的空间——证券交易所内部的“神经中枢”。

真实空间的设计被构想成一个戏剧化的展示场所，能给在此经过的人们带来惊喜，并唤起他们的好奇心。

两个大的交易厅之间的过道是个非常狭窄的空间。过道的墙面被覆以波浪状起伏的淡蓝色玻璃，背面打光，墙上挂着播放金融资讯的屏幕。

虚拟环境全景

这个空间被构想成一种现代的洞穴奇观，它能够吸引到访者并引发他们的兴趣。

一个圆形的装饰元素嵌入到金属天花板，里面有一个LED表实时显示股票报价。地面铺上了彩色的环氧树脂和钢制材料，一路铺到了相邻的房间。

视频信息主室

同时，渐近线建筑事务所设计和建造了一个虚拟空间，它能模拟证券交易所的空间，能使交易者和纯粹的访客将自己准确定位，并得以获取足够的信息在证券交易所中通行和操作。

在三维交易楼层系统中建立的虚拟环境是一种真正的数字化景观，可操作也具有交互性，它被设计成一种建筑空间，在这个空间里，人们能够轻而易举地看到交易中产生的信息和变量。“热层”随着不同金融领域的变化而不断扩张并改变颜色，形成不断变化的剖析图，其产生的视觉刺激能让使用者轻易地解读。

真实和虚拟的两个维度，彼此镜像并融为一体，共同标示出情感与信息互动的潜能。

主面板细部

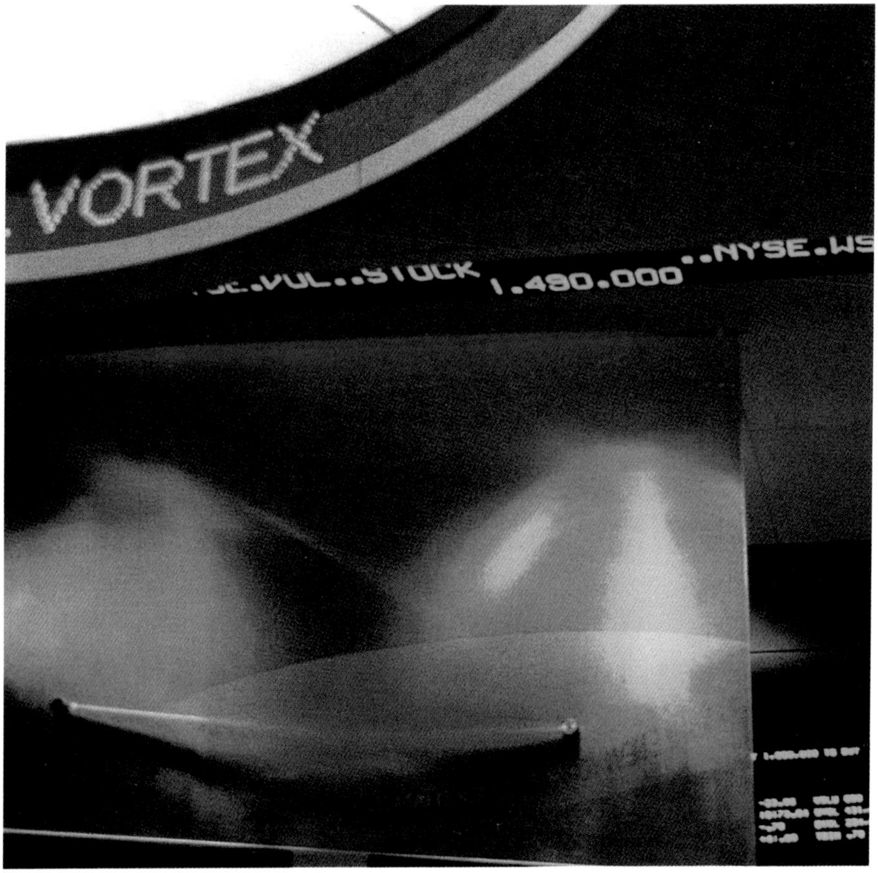

金属天花板和实时显示股票报价的LED表

室内扩建部分主墙细部

虚拟环境全景

新的虚拟空间中可视化的股票价格波动

股票价格波动细部

虚拟环境全景

人物简介

Biographies

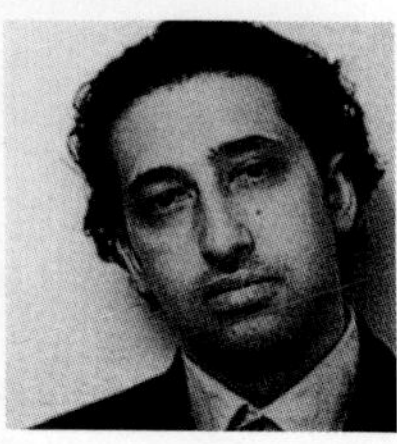

渐近线建筑事务所（Asymptote）

建筑师生平

渐近线事务所由莉泽·安·库迪尔（Lise Anne Couture）与阿尼·拉希德（Hani Rashid）创立于1988年。

莉泽·安·库迪尔出生在加拿大蒙特利尔，1986年获得耶鲁大学建筑学学位。

阿尼·拉希德出生在埃及开罗，1985年获得克兰布鲁艺术学院的建筑学学位。

自20世纪80年代末开始，两位建筑师都在大学里任教。

莉泽·安·库迪尔执教的地方包括：阿姆斯特丹贝尔拉哥学院；哈佛大学设计研究生院；纽约哥伦比亚大学建筑规划与保护研究生院；纽约帕森设计学院。

阿尼·拉希德曾执教于哥本哈根皇家学院、洛杉矶南加州建筑学院(SCI-Arc)、哈佛大学设计研究生院、纽约哥伦比亚大学建筑规划与保护研究生院。

代表建筑作品

2000 军械库中心，加利福尼亚州，旧金山；
古根海姆办公楼，纽约州，纽约。

1999 纽约证券交易所高级交易大厅操作中心，纽约州；
纽约古根海姆虚拟博物馆，纽约州。

1998 奥地利格拉茨音乐中心（竞赛）；
纽约州纽约证券交易所虚拟交易大厅（3DTFV）二期。

1997 丹麦比隆乐高展示中心；
纽约证券交易所虚拟交易大厅（3DTFV）一期，纽约州。

1996 丹麦奥胡斯尤尼维斯多媒体剧场。

1995 首尔国家博物馆（竞赛），韩国，首尔。

1993 法国图尔当代艺术中心（竞赛）。

1992 纽约州纽约时代广场（方案）。

1991 荷兰格罗宁根荷兰国家法院（竞赛）。

1990 俄国莫斯科国家剧院（竞赛）。

1989 亚历山大图书馆（竞赛），埃及，亚历山大；
洛杉矶西海岸大门纪念碑，加利福尼亚州。

地址：561 Broadway 5A, New York, New York 10012

电话：2123437333

传真：2123437099

电邮：info@asymptote.net

网页：www.asymptote.com

威廉姆·布鲁德（William P. Bruder）

建筑师生平

威廉姆·布鲁德1946年出生在威斯康星州密尔沃基，在威斯康星大学密尔沃基分校获得雕塑学位，1974年获得该校的建筑学硕士学位。20世纪60年代初期，他与保罗·索拉尼（Paolo Soleri）合作了亚利桑那州的亚高山地（Arcosanti）第一社区项目。1974年，在亚利桑那州纽维瑞尔创立了威廉姆·布鲁德建筑师事务所。他曾先后在麻省理工学院、南加州建筑学院、耶鲁大学和佐治亚理工学院任教。

代表建筑作品

2000　亚利桑那坦佩新艺术学校；
　　加利福尼亚马林县库尔西住宅。
1999　内华达雷诺内华达美术馆；
　　亚利桑那州，斯科茨代尔，
　　斯科茨代尔当代艺术博物馆。
1995—1997　麦德河船之旅，
　　怀俄明州，杰克逊。
1992—1994　鹿谷摇滚艺术中心，
　　亚利桑那州，凤凰城；
　　克尔·阿米教堂，
　　亚利桑那州，斯科茨代尔。
1989—1995　中央图书馆，
　　亚利桑那州，凤凰城。

地址：1314 West Circle Mountain Road,
New River, Arizona 85087
电话：6024657399
传真：6024650109
电邮：bruder@netwest.com
网页：www.willbruder.com

彼得·艾森曼（Peter Eisenman）

建筑师生平

彼得·艾森曼1932年出生在纽约，在康奈尔大学获得建筑学学位，在哥伦比亚大学获得硕士学位，在英国剑桥大学获得博士学位。彼得·艾森曼曾先后在剑桥大学、普林斯顿大学、耶鲁大学、哈佛大学、伊利诺伊大学和俄亥俄州立大学任教。1980年在纽约成立艾森曼建筑工作室。他撰写并出版了多部建筑学作品，包括《X住宅》（*House X, Rizzoli*，1982），*Fin d' Ou T HouS*（The Architecture Association，1986），《卡片屋》（*Houses of Cards*, Oxford University Press，1987），《图解日记》（*Diagram Diaries*,

Universe，1999），与雅克·德里达（Jacques Derrida）合著的*Chora L Works*（Monaceli Press，1997），《朱塞佩·特拉尼：转化，分解，批判》（*Giuseppe Terragni: Transformations, Decompositions, Critiques,* Monaceli Press，2000）。

代表建筑作品

1998　亚利桑那州台地红雀体育场。

1998—2001　德国柏林大屠杀纪念碑。

1997　纽约史泰登岛艺术与科学学院。

1996　印度班加罗尔BFL软件公司总部。

1992　德国柏林麦克斯·莱恩哈特大楼。

1989—1993　俄亥俄州哥伦布大哥伦布会议中心。

1988—1990　日本东京koizumi sangyo大楼。

1986—1996　俄亥俄州辛辛那提大学阿朗诺夫设计艺术中心。

1983—1989　韦克斯纳视觉艺术中心，俄亥俄州，哥伦布。

1981—1985　IBA社会住宅，德国，柏林。

1972—1975　住宅Ⅵ，康涅狄格，康沃尔。

1969—1970　住宅Ⅱ，佛蒙特州，哈德维克。

1967—1968　新泽西州普林斯顿住宅Ⅰ。

地址：41West 25th Street, New York,
New York 10010
电话：2126451400
传真：2126450725
电邮：earch@idt.net
网页：www.petereisenman.com

弗兰克·盖里(Frank O. Gehry)

建筑师生平

弗兰克·盖里1929年出生在加拿大多伦多，1954年获南加州大学建筑学学位，并在哈佛大学设计研究生院学习城市规划。在成立自己的事务所之前，盖里曾经与维克多·格鲁恩（Victor Gruen）(1953—1954, 1958—1961)，罗伯特公司（Robert and Company）(1955—1956)，佐佐木（Hideo Sasaki）(1957)，威廉佩·雷拉(William Pereira）(1957—1958) 和Andre Remondet (1961) 一起工作。最终，1962年他在加州圣莫尼卡成立了盖里及其合伙人事务所。1982年、1985年及1987—1989年，弗兰克·盖里担任耶鲁大学建筑系“夏洛特·达文波特”（Charlotte Davenport）教授的职位。1984年，他获得哈佛大学建筑设计研究生院“艾略特·诺伊斯”（Eliot Noyes）教授职位。

代表建筑作品

1998　威尼斯港，意大利，威尼斯。

1998　司塔塔中心，麻省理工，马萨诸塞州，剑桥。

1995—2000　音乐体验工程，华盛顿州，西雅图。

1995—1999　DG银行，德国，柏林。

1994—1999　新海关大楼，德国，杜塞尔多夫。

1991—1997　古根海姆博物馆，西班牙，毕尔巴鄂。

1990—1993 魏斯曼博物馆，明尼苏达州，明尼阿波利斯。

1990—1992 托莱多大学艺术中心，俄亥俄州，托莱多。

1989—1992 欧洲迪斯尼娱乐中心，法国，马恩–拉瓦雷。

1988—1993 美国中心，法国，巴黎。

1987 迪斯尼音乐厅，加利福尼亚州，洛杉矶。

1987—1996 迪斯尼乐园，加利福尼亚州，阿纳海姆。

1987—1989 维特拉博物馆，德国，威尔。

1986—1989 施纳贝尔住宅，加利福尼亚州，布伦伍德。

地址：1520-B Cloverfield, Boulevard,
Santa Monica, California 90404

电话：3108286088

传真：3108282098

格瓦思米与西格尔建筑事务所
(Gwathmey, Siegel&Associates Architects)

建筑师生平

格瓦思米与西格尔建筑事务所由查尔斯·格瓦思米与罗伯特·西格尔在1968年创立于纽约。

查尔斯·格瓦思米1938年出生在北卡罗来纳州夏洛特市，1962年获得耶鲁大学建筑学学位，1965—1991年，他先后任教于普瑞特学院、加州大学洛杉矶分校、普林斯顿大学、哥伦比亚大学、得克萨斯大学和加利福尼亚大学，1983—1999年在耶鲁大学任教，1985年获得哈佛大学“艾略特·诺伊斯”（Eliot Noyes）教授职位。

罗伯特·西格尔1962年获得耶鲁大学建筑学学位，1963年获得哈佛大学硕士学位。

代表建筑作品

1992 所罗门·R.古根海姆博物馆（扩建），纽约州，纽约。

1991 迪斯尼乐园会议中心，佛罗里达州，奥兰多。

1990 福格艺术博物馆艺术图书馆扩建，马萨诸塞州，剑桥。

1988 美国移动影像博物馆，纽约州，阿斯托里亚。

地址：475 Tenth Avenue, New York,
New York 10018

电话：2129471240

传真：2129670890

网页：www.gwathmey-siegel.com

斯蒂文·霍尔(Steven Holl)

建筑师生平

斯蒂文·霍尔1947年出生在华盛顿州布雷默顿，1971年获得华盛顿大学建筑学学位，1976年研究生期间就读于伦敦AA学院。斯蒂文·霍尔事务所由斯蒂文·霍尔在1976年成立于纽约。自1981年起，斯蒂文·霍尔先后任教于哥伦比亚大学、华盛顿大学、锡拉库扎大学，普瑞特学院和帕森设计学院。斯蒂文·霍尔重要的著作包括《建筑手册》5期（*Pamphlet Architecture no.5*）中的《字母城市》（纽约，1980），9期中的《北美乡村与城市住宅模式》（纽约，1982）。

代表建筑作品

1999—2001　MIT学生宿舍，马萨诸塞州，剑桥。
1998—2000　展馆，阿姆斯特丹，荷兰。
1997—2000　贝尔维尤美术馆，华盛顿州，贝尔维尤。
1996—1999　克兰布鲁科学研究所，密歇根州，布卢姆菲尔德山。
1994—1997　圣·伊格内修斯教堂，西雅图大学，华盛顿州，西雅图。
1993—1998　现代艺术博物馆，芬兰，赫尔辛基。
1992—1997　幕张住宅，日本，千叶。
1989—1992　Stretto住宅，得克萨斯州，达拉斯。
1989—1991　虚空间-铰接空间，日本，福冈。
1988　AGB图书馆（竞赛），德国，柏林。
1984—1988　复合大楼，佛罗里达州，锡赛德。

地址：435 Hudson Street, Suite 402,
New York, New York 10014
电话：2129890918
传真：2124639718
电邮：mail@stevenholl.com
网页：www.stevenholl.com

马卡多与西尔韦第建筑事务所
(Machado and Silvetti & Associates)

建筑师生平

1985年，马卡多与西尔韦第建筑事务所由鲁道夫·马卡多与乔治·西尔韦第在波士顿创立，两位建筑师自1974年就开始合作。他们都是哈佛大学设计研究生院的教授。目前，鲁道夫·马卡多在哈佛大学设计研究生院教授城市规划，乔治·西尔韦第则为建筑系系主任。

代表建筑作品

2002　盖蒂别墅（修复），加利福尼亚州，马里布；
学生公寓，马萨诸塞州，剑桥。

2001 波士顿公共图书馆奥尔斯顿分馆，
马萨诸塞州，波士顿；
莫尼卡/约翰·布莱斯博物馆，
犹他州，盐湖城。

1998 使命港校园规划，加利福尼亚州，
旧金山，加利福尼亚大学；
停车场与斯库利大厅总体规划，
新泽西州，普林斯顿。

1996 罗伯特·F.瓦格纳公园，纽约州，纽约。

1995 康科德别墅，马萨诸塞州。

地址：560 Harrison Avenue, Boston,
Masssachusetts 02118

电话：6174267070

传真：6174263604

网页：www.machado-silvetti.com

理查德·迈耶（Richard Meier）

建筑师生平

理查德·迈耶1934年出生新泽西州纽华克，1957年康奈尔大学建筑学学位，并在SOM事务所与马歇·布劳耶（Marcel Breuer）合作。1963年，在纽约成立理查德·迈耶及其合伙人事务所。他曾在多个建筑学院任教，包括库珀联合学院、普瑞特学院、耶鲁大学、哈佛大学设计研究生院、加州大学洛杉矶分校。1984年获得普利兹克建筑奖。

代表建筑作品

1996 和平祭坛博物馆，意大利，罗马。

1996—2001 公元2000年教堂，意大利，罗马。

1995—2000 美国国家法院和联邦大楼，
亚利桑那州，凤凰城。

1994—1996 电视与无线电博物馆，
加利福尼亚州，比弗利山。

1991—1994 瑞士航空公司美国总部，
纽约州，梅尔维尔。

1988—1992 法国加密电视台总部，法国，巴黎。

1987—1995 当代艺术博物馆，西班牙，
巴塞罗那。

1986—1995 海牙市政厅，荷兰。

1984—1997 盖蒂中心，加利福尼亚州，
洛杉矶。

1980—1983 高等艺术博物馆，乔治亚州，
亚特兰大。

1979—1985 装饰艺术博物馆，德国，
法兰克福。

地址：475 Tenth Avenue, New York, New York 10018

电话：2129676060

传真：2129673207

墨菲西斯(Morphosis)

建筑师生平

墨菲西斯事务所由汤姆·梅恩与麦克·罗汤迪与1975年在加利福尼亚圣莫妮卡创立。1991年开始，事务所由汤姆·梅恩一人主管。汤姆·梅恩1944年出生在康涅狄格，1968年毕业于美国南加州大学，1978年获得哈佛大学设计研究生院硕士学位。他曾任教于加州大学洛杉矶分校、哈佛大学、耶鲁大学和洛杉矶南加州建筑学院（他是该学院的创建者之一），目前他在加州大学洛杉矶分校教授建筑设计。

代表建筑作品

1996—1998 Hypo Alpe Adria银行中心，奥地利，克拉根福。

1995—1997 太阳塔，韩国，首尔。

1993—2000 波诺马农场高中，加利福尼亚州，波诺马；钻石农场高中，加利福尼亚州，洛杉矶。

1992—1996 布雷德斯住宅，加利福尼亚州，圣芭芭拉。

1992 犹曾尚品汽车博物馆（竞赛），加利福尼亚州，西好莱坞。

1989 艺术公园，戏剧艺术厅（竞赛），加利福尼亚州，洛杉矶。

1987—1992 克劳福德住宅，加利福尼亚州，蒙特奇托。

1987 西达斯西奈癌症治疗中心，加利福尼亚州，比弗利山。

1986 凯特·曼地利尼餐厅，加利福尼亚州，比弗利山。

1982 威尼斯住宅Ⅲ，加利福尼亚州。

地址：2041 Colorado Avenue, Santa Monica, California 90404

电话：3104532247

传真：3108293270

网页：www.morphosis.com

埃里克·欧文·摩斯(Eric Owen Moss)

建筑师生平

埃里克·欧文·摩斯1943年出生在加利福尼亚洛杉矶，1965年获得加州大学洛杉矶分校文学学士学位，1968年获得该校的建筑学学位，1972年获得哈佛大学设计研究生院建筑学硕士学位。1974年开始，担任洛杉矶南加州建筑学院设计教授。1976年，在加利福尼亚卡尔弗建立埃里克·欧文·摩斯事务所。

代表建筑作品

1997—2000 Stealth, 3535 Hayden Trivida，加利福尼亚，卡尔弗；3520 Hayden, 8522 National，加利福尼亚，卡尔弗；蜂箱，卡尔弗，加利福尼亚；停车场及零售店，加利福尼亚，卡尔弗；斜线与反斜线，“伞”，加利福尼亚，卡尔弗。

1993—1994 IRS大楼，加利福尼亚，卡尔弗。

1990—1996 萨米陶大楼，加利福尼亚，卡尔弗。

1990—1994 盒子大楼，加利福尼亚，卡尔弗。

1988—1990 加利集团大楼，加利福尼亚，卡尔弗。

1987—1989 派拉蒙洗衣房，加利福尼亚，卡尔弗；Lindblade大楼，加利福尼亚，卡尔弗。

1986—1989 中央住宅管理大楼，加州大学，加利福尼亚。

地址：8557 Higuera Street, Culver City, California 90232-2535

电话：3108391199

传真：3108397922

电邮：ericmoss@ix.netcom.com

帕特考建筑事务所(Patkau)

建筑师生平

帕特考建筑事务所由帕特丽夏·帕特考与她的丈夫约翰于1978年在艾伯塔埃得蒙顿创立。1984年，事务所搬到温哥华。1995年，迈克·坎宁安成为事务所的合伙人。帕特丽夏·帕特考1950年出生在加拿大温尼伯，温尼伯大学室内设计学士学位和耶鲁大学建筑学硕士学位。帕特丽夏·帕特考执教于英属哥伦比亚大学，同时也是哈佛大学设计研究生院、耶鲁大学和加州大学洛杉矶分校的客座教授，她目前是英属哥伦比亚大学建筑系的副教授，1955年获得哈佛大学“艾略特·诺伊斯”（Eliot Noyes）教授职位。约翰·帕特考1950年出生在加拿大温尼伯，在温尼伯大学获得艺术学士学位与环境研究学位、并在该校获得建筑学硕士学位。1955年，与他的妻子帕特丽夏共同获得哈佛大学“艾略特·诺伊斯”（Eliot Noyes）教授职位。

代表建筑作品

1999 休斯敦校园总体规划，得克萨斯州。

1998 护理与生物医学大楼，得克萨斯州，休斯敦。

1997 Agosta住宅，华盛顿州，圣胡安岛。

1993 惠斯勒图书馆及博物馆（可行性研究），英属哥伦比亚，惠斯勒。

1992　草莓谷小学，英属哥伦比亚，维多利亚。

1990　牛顿图书馆，英属哥伦比亚，萨里。

1988　加拿大黏土与玻璃展览馆，安大略，沃特卢。

1988　海鸟岛学校，英属哥伦比亚，阿加西。

1987　格林住宅，英属哥伦比亚，西温哥华。

1984　帕特考住宅，英属哥伦比亚，西温哥华。

地址：L110560 Beatty Street, Vancouver,
British Columbia(Canda) V6B 2L3

电话：6046837633

传真：6046837634

网页：www.patkau.ca

贝·考伯·弗里德事务所

(Pei, Cobb, Freed & Partners)

建筑师生平

贝·考伯·弗里德事务所由贝聿铭于1989年在纽约创立。贝聿铭1917年出生在中国广州，1940年获得麻省理工学院建筑学学位，1942年获得哈佛大学硕士学位，1946年获得哈佛大学博士学位。1945—1948年，他在哈佛大学设计研究生院任教。1954年，他加入美国国籍并创建了贝聿铭及其合伙人事务所。1983年，贝聿铭获得普利兹克奖。亨利·考伯出生于1926年，哈佛大学设计研究生院建筑学硕士学位，1980—1985年任哈佛大学设计研究生院建筑系系主任。詹姆斯·弗里德1930年出生在德国埃森，1953年毕业于伊利诺伊理工学院，1956年成为贝聿铭的合伙人。1975—1978年，担任伊利诺伊理工学院教授及系主任，同时在库珀联合学院和耶鲁大学任教。

代表建筑作品

1992—1997　美秀博物馆，日本，滋贺。

1989—1993　美国犹太人大屠杀纪念馆，华盛顿。

1987—1995　摇滚乐名人堂博物馆，俄亥俄州，克利夫兰。

1983—1993　卢浮宫，法国，巴黎。

1982—1989　中国银行，中国，香港。

1980—1983　查尔斯·希普曼·佩森大楼；波特兰艺术博物馆，缅因州，波特兰。

1968—1978　美国国家美术馆东馆，华盛顿。

1965—1979　约翰·肯尼迪图书馆，马萨诸塞州，波士顿。

地址：600 Madison Avenue, New York, New York 10022

电话：2127513122

传真：2128725443

电邮：pcf@pcfandp.com

网页：www.pcfandp.com

西萨·佩里 (Cesar Pelli)

建筑师生平

西萨·佩里1926年出生在阿根廷图库曼，1952年移民到美国，1964年加入美国国籍。1954年，他获得伊利诺伊大学建筑学学位。在成立自己的事务所之前，西萨·佩里曾在埃罗·沙里宁事务所工作（1954年和1964年），并曾是格鲁恩事务所的合伙人（1968—1976）。1977年，他在康涅狄格州纽黑文建立了西萨·佩里及其合伙人事务所。1977—1984年，西萨·佩里担任耶鲁大学建筑学院院长。

代表建筑作品

1991—1997 双子大厦，马来西亚，吉隆坡。
1990—1995 NTT中央中部大楼，新宿，东京。
1987—1992 国家银行中心，北卡罗来纳州，夏洛特。
1987—1991 金丝雀码头大厦，英国，伦敦。
1983—1985 四叶公寓，休斯敦，得克萨斯州。
1980—1988 世界金融中心，纽约州，纽约。
1977 住宅大楼和当代艺术博物馆扩建，纽约州，纽约。

地址：1056 Chapel Street, New Naven, Connecticut 06510
电话：2037772515
传真：2037872865

安托内·普雷多克(Antoine Predock)

建筑师生平

安托内·普雷多克1936年出生在密苏里州黎巴嫩，1962年获哥伦比亚大学建筑学学士学位，1967年在新墨西哥州阿尔伯克基建立安托内·普雷多克建筑事务所。他作为客座教授曾在克莱姆森大学（1995）、哈佛大学设计研究生院（1987）及马里兰大学任教。

代表建筑作品

1999 文学和艺术学院，西南密苏里大学，密苏里州。
1998 统一基督教教堂，得克萨斯州，休斯敦；演艺及学习中心，亚利桑那州，绿谷；科罗拉多学院，科罗拉多州，科罗拉多斯普林斯。
1997 天堂谷麦凯住宅，亚利桑那州，凤凰城。
1996 艺术画廊及教育博物馆，斯基德莫尔学院，纽约州，萨拉托加。
1994 斯宾塞表演艺术剧院，新墨西哥州，鲁伊多索；纳米科学与工程中心，莱斯大学，得克萨斯州，休斯敦。
1991 科学与工业博物馆，佛罗里达州，坦帕；科学中心，亚利桑那州，凤凰城。

1988 地中海迪斯尼酒店，佛罗里达州，奥兰多；
Santa Fe酒店，欧洲迪斯尼，
法国，马恩-拉瓦雷。

1987 洛斯阿拉莫斯图书馆，新墨西哥州，
洛斯阿拉莫斯；
博物馆及中央图书馆，内华达州，
拉斯维加斯；
美国遗产中心及艺术博物馆，怀俄明州，
罗拉米，怀俄明大学。

1982 格兰德河自然中心总体规划及游客中心，
新墨西哥州，阿尔伯克基。

1979 阿尔伯克基博物馆，新墨西哥州，
阿尔伯克基。

地址：300 12th Street NW, Albuquerque,
New Mexico 87102
电话：5058437390
传真：5052436254
网页：www.predock.com

Ro. To. 事务所（Ro. To. Architects）

建筑师生平

Ro. To.事务所由迈尔·罗汤迪和克拉克·史蒂文斯于1993年在洛杉矶创建。迈尔·罗汤迪1949年出生在加利福尼亚洛杉矶，1973年获得南加州建筑学院建筑学学士学位，1976—1987年担任南加州建筑学院设计研究所所长，1987年开始担任南加州建筑学院院长。1976—1991年期间，他在墨菲西斯事务所工作，是汤姆·梅恩的合伙人之一。1987—1991年，克拉克·史蒂文也在墨菲西斯事务所工作。

代表建筑作品

1994—1999 新特格莱斯卡大学，南达科他州。

1993—1996 哈尔森-瑞吉斯住宅，
加利福尼亚州，洛杉矶。

1992—1993 尼古拉斯餐厅，加利福尼亚州，
洛杉矶。

1990—1995 Teiger住宅，新泽西州，
萨默塞特郡。

1989—1995 Qwfk住宅，新泽西州。

地址：600 Moulton Avenue #405, Los Angeles,
California
电话：2132261102
传真：2132261105

文丘里与斯科特·布朗建筑事务所

(Venturi, Scott Brown and Associates)

建筑师生平

文丘里与斯科特·布朗建筑事务所由罗伯特·文丘里与丹尼斯·斯科特·布朗于1961年在费城建立。

文丘里1925年出生在费城，1947年获得普林斯顿大学文学学位，并在1950年取得该校的建筑学学位。1954—1956年，他获得奖学金到罗马美国学院学习。在成立自己的事务所之前，文丘里曾与路易·康和埃罗·沙里宁共事。他曾在耶鲁大学、宾夕法尼亚大学、加州大学、普林斯顿大学和哈佛大学设计研究生院任教。

丹尼斯·斯科特·布朗1931年出生在赞比亚，1955年获得伦敦AA学院建筑学学位，1960年获得宾夕法尼亚大学建筑学学位并在1965年获得该校的建筑学硕士学位。她曾在宾夕法尼亚大学、加州大学洛杉矶分校和加州大学伯克利分校任教。

代表建筑作品

1992—1999 上加龙部门总部，法国，图卢兹。

1992—1997 米尔帕曲（Mielparqu）酒店尼科度假村，日本，日光市。

1992—1996 白厅轮渡码头，纽约州，纽约；哈佛纪念堂（修复与改造），包括安嫩伯格楼（Annenberg Hall）和Loker Commons，马萨诸塞州，剑桥。

1989—1994 巴德学院图书馆，纽约州，上哈德森安南岱尔。

1989—1992 儿童博物馆，得克萨斯州，休斯敦。

1988—1993 George La Vie Schultz实验室，新泽西州，普林斯顿，普林斯顿大学生物系。

1986—1991 塞恩斯伯里侧厅，国家美术馆，英国，伦敦。

1986—1996 圣地亚哥当代艺术博物馆（扩建与修复），加利福尼亚州，拉荷亚。

1985—1991 法尼斯大楼，费歇尔艺术图书馆（修缮与改造），宾夕法尼亚州，费城。

1985—1990 宾夕法尼亚大学医学院临床研究大楼，宾夕法尼亚州，费城。

地址：4326 Main Street, Philadelphia, Pennsylvania 19127—1696

电话：2154870400

传真：2154872520

网页：www.vsba.com

拉菲尔·比尼奥利（Rafel Vinoly）

建筑师生平

拉菲尔·比尼奥利出生在乌拉圭蒙得维的亚。1969年，获得布宜诺斯艾利斯大学建筑学学位，并留校教授建筑设计。1978年，他来到美国，在华盛顿大学和哈佛大学设计研究生院任教。1979年，拉菲尔·比尼奥利移居到纽约。他曾在哈佛大学、耶鲁大学、罗得岛设计学院、宾夕法尼亚大学、哥伦比亚大学和南加州建筑学院任教。1983年，拉菲尔·比尼奥利建筑事务所在纽约成立，东京、布宜诺斯艾利斯和伦敦设有分部。

代表建筑作品

1998　帕尔默体育场，新泽西州，普林斯顿；三星总部，韩国，首尔。

1989—1996　东京国际论坛大厦，日本，东京。

1985　曼哈顿公寓—东/西塔楼，纽约州，纽约。

1978　门多萨体育场馆，阿根廷，布宜诺斯艾利斯。

1968　布宜诺斯艾利斯银行，阿根廷，布宜诺斯艾利斯。

地址：50 Vandam Street, New York, New York 10013

电话：2129245060

传真：2129245858

威廉姆和钱以佳事务所

(Williams, Tsien and Associates)

建筑师生平

威廉姆和钱以佳事务所由建筑师汤姆·威廉姆和钱以佳于1986年在纽约创立。

汤姆·威廉姆1943年出生在密歇根州底特律，1965年获得普林斯顿大学艺术学位，1967年又在该校获得建筑学硕士学位。20世纪70年代初期开始，他在许多美国大学任教，包括：纽约库珀联合学院（1973—1989），弗吉尼亚大学（1990），耶鲁大学（1992）。1998年，他与妻子钱以佳获得宾夕法尼亚大学“简和布鲁斯·格雷厄姆”（Jane and Bruce Graham）教授职位。

钱以佳1949年出生在纽约伊萨卡，1971年获得耶鲁大学艺术学位，1977年获得加州大学洛杉矶分校的建筑学硕士学位。1986年开始，她先后在南加州建筑学院、帕森大学、耶鲁大学、哈佛大学设计研究生院和奥斯汀的得克萨斯大学任教。

代表建筑作品

1999　克兰布鲁体育中心，密歇根州，布鲁姆菲尔德山。

1998—2001　美国民俗艺术博物馆，纽约州，纽约。

1996　艾玛威拉德学校：科学楼和游泳馆，
纽约州，特罗伊；
凤凰城艺术博物馆，亚利桑那州，
凤凰城。

1995　神经学研究所，加利福尼亚州，拉荷亚。

1993　独立住宅，纽约州，纽约。

1992　弗吉尼亚大学新学院，弗吉尼亚州，
夏洛茨维尔。

1986　范伯格大楼，新泽西州，普林斯顿。

地址：222 Central Park South, New York,
New York 10019

电话：2125822385

传真：2122451984

电邮：mail@twbta.com

网页：www.twbta.com

参考书目

Bibliographies

Asymptote

Cathy Lang Ho, 'Computer Power', in *Architecture*, May 2000, pp. 156–61.

Luca Molinari, 'Guggenheim irreale', in *Ventiquattro*, no. 3, June 2000, pp. 91–94.

Hani Rashid, 'Guggenheim Virtual Museum', in *Domus*, January 2000, pp. 27–31.

Various authors, 'The Advanced Trading Floor Operations Center in the NYSE', in *Domus*, June 1999, pp. 39–46.

Various authors, 'Asymptote: Rashid + Couture', in *A+U*, no. 344, May 1999, pp. 22–37.

Jessie Scanlon, 'Ride the Dow', in *Wired*, June 1999, pp. 176–79.

TransArchitecture 03, exhibition catalogue, Aedes Galerie, Berlin, 1998, p. 16.

Aaron Betsky, 'Machine Dreams', in *Architecture*, June 1997, pp. 89–91.

Various authors, 'Univers Theatre', in *A+U*, no. 323, 1997, pp. 10–23.

Deborah Faush, 'The Opposition of Modern Tectonics', in *ANY*, 1996, pp. 48–57.

Various authors, *Architecture at the Interval, Asymptote: Rashid + Couture*, Rizzoli International, monographic work, 1995.

Various authors, 'Analog Space to Digital Field: Asymptote Seven Projects', in *Assemblage*, no. 21, 1993, pp. 22–43.

Hani Rashid, 'Optigraphs and other Writings', in *AD Profile*, no. 89, 1991, pp. 86–91.

Various authors, 'Hani Rashid, Lise Anne Couture', in *A+U*, no. 231, December 1989, pp. 5–28.

William P. Bruder

Philip Jodidio, *Building a New Millennium*, Cologne, Taschen, 1999.

Oscar Riera Ojeda (edited by), *Phoenix Central Library, bruder DWL architects*, Gloucester (Mass.), Rockport Publishers, 1999.

Richard Ingersoll, 'Le rocce del deserto', in *Lotus*, no. 97, 1998, pp. 24–37.

Effie Mac Donald, 'Rustic Regionalism', in *The Architectural Review*, no. 1216, June 1998, pp. 69–71.

'William P. Bruder', in *A+U*, no. 321, June 1997.

William Curtis, 'Objet, trame, topographie', in *L'Architecture d'aujourd'hui*, no. 307, October 1996, pp. 74–87.

David Leclerc, 'Un Junkie de l'architecture', in *L'Architecture d'aujourd'hui*, no. 307, October 1996, pp. 88–95.

Peter Eisenman

Peter Eisenman, *Blurred Zones: Works and Projects 1988-1998*, New York, Monacelli Press, 2001.

Various authors, 'Peter Eisenman', in *El Croquis*, no. 85, Madrid 1997.

Cynthia C. Davidson (edited by), *Eleven Authors in Search of a Building*, New York, Monacelli Press, 1996.

Antonino Saggio, *Peter Eisenman*, Rome, Universale di architettura, 1996.

Various authors, *Eisenman Architects*, Sidney, Images Publishing, 1995.

Jean-François Bédard (edited by), *Cities of Artificial Excavation, The Work of Peter Eisenman, 1978-1988*, New York, Rizzoli, 1994.

Pippo Ciorra, *Peter Eisenman*, Milan, Electa, 1993.

Frank O. Gehry

Cristina Bechtler (edited by), *Art and Architecture in Discussion: Frank O. Gehry / Kurt W. Forster*, Ostfildern, Cantz Verlag, 1999.

Mildred Friedman (edited by), *Gehry Talks: Architecture + Process*, New York, Rizzoli, 1999.

Francesco Dal Co, Kurt W. Forster, *Frank O. Gehry, The Complete Work*, Milan, Electa, 1998.

Coosje Van Bruggen, *Frank O. Gehry: Guggenheim Museum of Bilbao*, New York, The Solomon R. Guggenheim Foundation, 1997.

Cecilia F. Marquez (edited by), 'Frank O. Gehry: 1991-1995', in *El Croquis*, no. 74/75, Madrid, December 1995.

Yukio Futagawa, 'Frank O. Gehry', in *GA Architect*, no. 10, Tokyo, 1993.

Various authors, *Frank Gehry: New Bentwood Furniture Designs*, Montreal, The Montreal Museum of Decorative Arts, 1992.

Cecilia F. Marquez (edited by), 'Frank O. Gehry', in *El Croquis*, no. 45, Madrid, October/November, 1990.

Mildred Friedman (edited by), *The Architecture of Frank Gehry*, New York, Rizzoli, 1986.

Peter Arnell, Ted Bickford, *Frank Gehry, Buildings and Projects*, New York, Rizzoli, 1985.

Gwathmey, Siegel & Associates Architects

Brad Collins (edited by),

Gwathmey and Siegel: Buildings and Projects 1965-2000, New York, Universe Publishing, 2000.

Brad Collins (edited by), *Gwathmey and Siegel Houses*, New York, Monacelli Press, 2000.

Various authors, *Gwathmey and Siegel,* Sidney, Images Publishing, 1998.

Brad Collins (edited by), *Gwathmey and Siegel: Buildings and Projects 1984-1992*, New York, Rizzoli, 1993.

Peter Arnell, Ted Bickford (edited by), *Charles Gwathmey and Robert Siegel: Buildings and Projects 1964-1984*, New York, Harper and Row, 1984.

Stanley Abercrombie, *Gwathmey and Siegel,* New York, Whitney Publ., 1981.

Steven Holl

Various authors, *The Chapel of St. Ignatius*, New York, Princeton Architectural Press, 1999.

Richard Ingersoll, 'Between Typology and Fetish', in *Architecture*, March 1999, pp. 80–89.

Various authors, 'Steven Holl', in *El Croquis*, no. 93, Madrid 1999.

Various authors, 'Steven Holl: Residence and Retreat', in *GA Houses*, no. 55, Tokyo 1998, pp. 68–75.

Richard Ingersoll, 'Holl's Northern Lights', in *Architecture*, January 1998, pp. 76–81.

Various authors, *Interwining: Selected Projects 1989-1995*, New York, Princeton Architectural Press, 1996.

Various authors, *Steven Holl architects*, New York, Monacelli Press, 1996.

Various authors, 'Questions of Perceptions. Phenomenology of Architecture', in *A+U*, Tokyo, July 1994, pp. 39–42, 121–35.

Frederic Migayron (edited by), *Steven Holl: Building and Projects*, Basel, Birkhauser, 1993.

Various authors, *Steven Holl*, New York, Rizzoli, 1993.

Steven Holl, *Anchoring: Selected Projects 1975-1988*, New York, Princeton Architecural Press, 1989.

Machado and Silvetti & Associates

Paolo Bercah, Tito Canella, 'Machado, Silvetti and the Battery', in *Zodiac*, no. 20, June 1999, pp. 64–93.

Reed Kroloff, 'Machado and Silvetti Get Real', in *Architecture*, April 1997, pp. 2–3, 80–91.

Clifford Pearson, 'Wagner Park', in *Architectural Record*, February 1997, pp. 64–69.

Rodolfo Machado, Rodolphe el-Khoury (edited by), *Monolithic Architecture*, Munich, Prestel Verlag, 1995.

Michael K. Hays (edited by), *Unprecedented Realism: The Architecture of Machado and Silvetti*, New York, Princeton Architectural Press, 1995.

Fares El-Dahdah, 'The Folly of S/M, recto verso', in *Assemblage*, no. 18, August 1992, pp. 7–19.

Peter G. Rowe, *Rodolfo Machado and Jorge Silvetti: Buildings for Cities*, New York, Rizzoli, 1989.

Various authors, 'Special Features: Works of Machado and Silvetti', in *A+U*, Tokyo, April 1990, pp. 65–138.

Richard Meier

Various authors, *Richard Meier Architect*, New York, Rizzoli, 1999.

Yukio Futagawa (edited by), *Richard Meier*, GA Document Extra 08, 1997.

Flagge Ingeborg, Oliver Hamm (edited by), *Richard Meier in Europe*, Berlin, Ernst & Sohn, 1997.

Philip Jodidio, *Richard Meier*, Cologne, Taschen, 1996.

Werner Blaser, *Richard Meier Details*, Basel, Birkhauser Verlag, 1996.

Silvio Cassarà, *Richard Meier*, Bologna, Zanichelli Editore, 1995.

Lois Nesbitt, *Richard Meier: Sculpture 1992-1994*, New York, Rizzoli, 1994.

Pippo Ciorra (edited by), *Richard Meier*, Milan, Electa, 1993.

Morphosis

Various authors, *Morphosis: Building and Projects 1993-97*, New York, Rizzoli, 1998.

Richard Weinstein, *Morphosis, Building and Projects 1989-92*, New York, Rizzoli, 1994.

Various authors, *Morphosis*, Gingko Press, 1994.

Thom Mayne, *Tangents and Outtakes: Morphosis*, New York, Rizzoli, 1993.

Richard Weinstein (edited by), *Morphosis Building and Projects*, New York, Rizzoli, 1990.

Peter Cook, George Rand, *Morphosis, Building and Projects*, New York, Rizzoli, 1989.

Carolyn Krause (edited by), *Morphosis: Architectural Projects,*

USA, The Contemporary Art Center, 1989.

Eric Owen Moss

Various authors, *Eric Owen Moss. Planet Architecture*, Los Angeles, IN.D., 2000.

James Steele (edited by), *PS: a Building by Eric Owen Moss*, Sidney, Images Publishing, 1999.

Eric Owen Moss, *Gnostic Architecture*, New York, Monacelli Press, 1998.

Brad Collins, *Eric Owen Moss. Buildings and Projects 2*, New York, Rizzoli, 1996.

'Owen Moss, Eric, 1974-1994', in *A+U*, November 1994.

Various authors, *Eric Owen Moss: The Box*, New York, Princeton University Press, 1994.

James Steele, *Eric Owen Moss*, Architectural Monographs No. 29, London, Academy Editions, 1993.

Various authors, *Eric Owen Moss*, Architectural Monographs No. 20, London, Academy Editions, 1993.

Various authors, *Eric Owen Moss, Buildings and Projects*, New York, Rizzoli, 1991.

Patkau

'Patkau, Vancouver House, Agosta House', in *GA Houses*, March 2000, pp. 42–47.

'Poetic Pragmatism', in *The Architectural Review*, December 1999, pp. 88–91.

Brian Carter, 'Canadian Club', in *The Architectural Review,* August 1999, pp. 57–59.

Ruggero Lenci, 'Architetture Senza Capriata', in *L'Architettura*, no. 524, June 1999, pp. 346–68.

Patkau, Patricia, *Technology Place & Architecture*, in Kenneth Frampton (edited by), *The Jerusalem Seminar in Architecture,* New York, Rizzoli, 1998, pp. 94–111.

Antonella Mari, 'Newton Library, Surrey', in *Domus*, June 1998, pp. 34–39.

Various authors, *Patkau Architects,* Barcelona, Gustavo Gili, 1997.

Brian Carter, 'Strawberry Vale', in *The Architectural Review* , no. 1206, August 1997, pp. 34–41.

Kenneth Frampton, 'Tecto-Totemic Form', in *Perspecta*, no. 28, 1997, pp. 180–89.

'Strawberry Vale School, Victoria, British Columbia', in *Domus*, no. 789, January 1997, pp. 8–15.

Lynnette Widder, 'Room Constituted by Topography: on Vancouver Island', in *Daidalos*, no. 63, March 1997, pp. 116–21.

Sandy Isenstadt, *Spectacular Tectonics*, in 'ANY', no. 14, 1996, pp. 44–47.

Aaron Betsky, 'Romantic Realism', in *Architectural Record*, no. 183, January 1995, pp. 64–69.

Brian Carter (edited by), *Patkau Architects, Selected Projects 1983-93*, Halifax, Nova Scotia, Tuns Press, 1994.

Kenneth Frampton, 'L'America incognita: un'antologia / America Incognito: An Anthology', in *Casabella*, December 1993, pp. 51, 54, 62–63, 70.

John and Patricia Patkau, *Canadian Clay and Glass Gallery, Vision to Reality, 1981-93*, exhibition catalogue, Waterloo (Ontario), Canadian Clay and Glass Gallery, 1993.

Brian Carter (edited by), *The Canadian Clay and Glass Gallery: The Act of Transformation,* Halifax, Nova Scotia, Tuns Press, 1992.

Trevor Boddy, 'Pacific Patkau', in *The Architectural Review*, no. 1134, August 1991, pp. 32–38.

Adele Freedman, John and Patricia Patkau, *Sight Lines: Looking at Architecture and Design in Canada*, Ontario, Oxford University Press, 1990, pp. 88–91.

Various authors, *Patkau Architects: Projects 1978-1990,* Vancouver, UBC Fine Arts Gallery, 1990.

Pei, Cobb, Freed & Partners

I.M. Pei, *Light is the Key*, Germany, Prestel Publ., 2000.

Various authors, *Readings on I.M. Pei*, Taipei, Huang Jian Min, 1999.

Michael Cannell, *I.M. Pei: Mandarin of Modernism*, New York, Carol Southern Books, 1995.

James Steele (edited by), *Museum Builders*, London, Academy Editions, 1994, pp. 172–87.

Carter Wiseman, *I.M. Pei: a Profile in American Architecture*, New York, Harry N. Abrams, 1990.

Bruno Suner, *Pei*, Paris, Hazan, 1988.

Peter Blake, 'I.M. Pei e Partners', in *Architecture Plus*, February 1973, pp. 52–59; March 1973, pp. 20–77.

Cesar Pelli

Cesar Pelli, *Observations for Young Architects*, New York, Monacelli Press, 1999.

Various authors, *Cesar Pelli Recent Themes*,

Boston, Birkhauser, 1999.
David Anger, *Cesar Pelli,* Capstone Press, 1995.

Various authors, *Cesar Pelli and Associates*, vol. I, Australia, Images Publishing, 1994.

Various authors, *Cesar Pelli*, Sidney, Images Publishing, 1993.

Various authors, *Cesar Pelli, Buildings and Projects 1965-1990*, New York, Rizzoli, 1990.

John Pastier, *Cesar Pelli*, New York, Elliot's Book, 1980.

Antoine Predock

Various authors, *Antoine Predock*, Barcelona, Gustavo Gili, 1999.

Various authors, *Antoine Predock Architect, Monograph II,* New York, Rizzoli, 1998.

Geoffrey Baker, *Antoine Predock*, London, Architectural Monograph No. 49, Academy Editions, 1997.

Various authors, *One House Series: Turtle Creek House*, New York, Monacelli Press, 1997.

Alan Hess, *Hyperwest*, New York, Watson Guptill Publications, 1996.

Brad Collins, Juliette Robbins (edited by), *Antoine Predock Architect,* New York, Rizzoli Monograph, 1994.

Ro.To. Architects

'Ro.To. architects. Università Sinte Gleska', in *Casabella*, no. 679, June 2000, pp. 62–79.

Sarah Amelar, 'Project diary , in *Architectural Record*, November 1999, pp. 85–93.

Joseph Giovannini, 'Powered Up', in *Architecture*, no. 57, February 1998, pp. 64–73.

Wendy Moonan, 'A Mathematical Ordering System Helped Ro.To. Architects Sculpt a Complex Scheme', in *Architectural Record*, April 1997.

Paul Goldberger, 'Michael Rotondi, A Contemporary Villa Embraces the New Jersey Landscape', in *Architectural Digest*, March 1997.

Enrico Morteo, 'Architettura dell'orientamento', in *Abitare*, no. 362, May 1997.

Fujii Wayne, 'Ro.To. Architects', in *GA Houses*, no. 51, April 1997, pp. 46–69.

Michael Rotondi, 'Impossibile da finire', in *Lotus*, no. 77, June 1993.

Venturi, Scott Brown and Associates

Writings by Robert Venturi and Denise Scott Brown

Robert Venturi, *Iconography and Electronics upon a Generic Architecture. A View from the Drafting Room*, Cambridge (Mass.), MIT Press, 1996.

Robert Venturi, Denise Scott Brown, Steve Izenour, *Learning from Las Vegas*, Cambridge (Mass.), MIT Press, 1972.

Robert Venturi, *Complexity and Contradiction in Architecture*, New York, Museum of Modern Art, 1966.

Writings on the Work of Robert Venturi and Denise Scott Brown

Carolina Vaccaro (edited by), *Venturi Scott Brown. Maniera del moderno*, Bari, Editori Laterza, 2000.

Stanislaus von Moos, *Venturi Scott Brown & Associates 1986-1998*, New York, Monacelli Press, 1999.

Amedeo Belluzzi, *Venturi, Scott Brown e Associati*, Bari, Editori Laterza, 1992.

C. Vaccaro, F. Schwartz (edited by), *Venturi Scott Brown e Associati*, Bologna, Zanichelli Editore, 1991.

Stanislaus von Moos, *Venturi, Rauch & Scott Brown. Buildings and Projects*, New York, Monacelli Press, 1986.

A. di Sanmartin (edited by), *Venturi, Rauch & Scott Brown. Obras y proyectos 1959-1985*, Barcelona, Gustavo Gili, 1987.

'Venturi et Rauch. Projects et travaux récentes', in *L'Architecture d'aujourd'hui*, no. 197, June 1978.

Various authors, *Venturi and Rauch. The Public Buildings*, London, Thames and Hudson, 1978.

Rafael Vinoly

'Vinoly Defies Convention in Pittsburgh', in *Architecture*, April 1999.

Various authors, *Contemporary World Architecture*, London, Phaidon Press, 1998.

Various authors, *Veinte Obras de la ultima decada en el Museo Nacional de Bellas Artes*, exhibition catalogue, Buenos Aires, 1998.

'Rafael Vinoly Princeton Stadium', in *Architecture*, November 1998.

W. Le Cuyer (edited by), *Rafael Vinoly-The Making of Public Space*, John Dinkeloo Memorial Lecture, 1997.

'The Future, Tokyo International Forum', in *The Architectural Review*, November 1996.

'Tokyo International Forum', in *Architecture*, October 1996.

'Il Progetto del Tokyo International Forum', in *Casabella*, July-August 1995.

'Lo Spazio Simbolico: the Tokyo International Forum', in *L'Arca*, February, July-August 1994.

Herbert Muschamp, 'Vinoly's Vision for Tokyo and for the Identity of Japan', in *The New York Times*, 16 July 1992.

'Tokyo International Forum', in *A+U*, 1990.

'John Jay College', in *A+U*, 1989.

'Houses in La Lucila, Province of Buenos Aires, Argentina, 1969-71', in *GA Houses*, July, 1984.

Williams, Tsien and Associates

Various authors, *Williams and Tsien: Work/Life*, New York, Monacelli Press, 2000.

Various authors, *Williams Tsien. Obras/ Works*, 2G, No. 9, Barcelona, Gustavo Gili, 1999.

Joan Oackman, 'Tod Williams e Billie Tsien, casa a Manhattan', in *Casabella*, no. 642, February 1997.

Pat Morton, 'Il paesaggio della mediazione, il nuovo college, University of Virginia', in *Casabella*, no. 610, pp. 58–67.

Douglas Heller, *Tod Williams, Billie Tsien and Associates*, New York, Sage Publications, 1992.

Douglas Heller, *Tod Williams Billie Tsien and Associates: An Annotated Bibliography*, Chicago, Illinois, Council of Planning Librarians, 1992.

'Interview: Tod Williams and Billie Tsien', in *Progressive Architecture*, no. 5, May 1990, pp. 119–20.

图片来源

Photographic Credits

Photographic Credits

Peter Aaron, ESTO: pp. 77, 78, 79, 84, 85
Menachem Adelman: p. 10
Assassi Production: pp. 128-130, 136, 137 (left)
Asymptote Archive: pp. 224-227
Tom Bonner: pp. 149, 150, 153-155, 157-159
Bruder Archive: pp. 106, 107, 109-115
Benny Chan/Fotoworks: pp. 133, 137 (right)
© James Dow, Patkau Archive: pp. 117, 120, 121, 123-125
Eisenman Archive: pp. 213, 216 (left), 217-219
Scott Frances, ESTO: pp. 36, 37, 41, 43
Jeff Goldberg, ESTO: pp. 24, 29, 33 (top)
Tim Griffith, ESTO: pp. 203, 205 (bottom), 209, 211
Timothy Hursley: pp. 48, 50, 51, 54-61, 63-65, 95, 97-99, 101-105, 139
Norman McGrath, ESTO: pp. 206, 211 (bottom)
Michael Moran: pp. 66, 68, 69, 73 (right), 75, 173, 174, 176, 179-183
Tim Street Porter: pp. 127, 134, 135
Stan Reis: pp. 78, 79, 81, 86, 87
Schoemann Photography: p. 49
Steven Holl Archive: pp. 163, 170
Paul Warchol: pp. 25, 30, 31, 33 (bottom), 34, 35, 73 (left), 74, 161, 164-169, 171
Matt Wargo: pp. 191, 193, 195, 197-199, 201
Brandon Welling: pp. 145, 147
Kim Zwarts: p. 146

译者总跋

王贵祥

2011年春是清华大学建校100周年纪念的日子，也是中国建筑教育与建筑历史与理论学科的奠基人之一梁思成先生诞辰110周年纪念的日子。为了纪念这个隆重的时刻，早在2009年，清华大学建筑学院建筑历史与文物保护研究所的老师与同学们就拟订了一系列出版计划，希望将这些年积累的一些学术著作编辑出版问世，作为献给清华大学建校100周年暨梁思成先生诞辰110周年的礼物。

这套以翻译引进西方一些较新的近现代建筑历史与理论著作为主旨的《西方近现代建筑五书》就是在这样一个背景下，于2010年年初开始启动的。这套五书系列，包括《1750—1890年的欧洲建筑》（周玉鹏译）、《现代建筑的历史编纂》（王贵祥译）、《从包豪斯到生态建筑》（尚晋译）、《现代主义之后的西方建筑》（青锋译），以及《北美建筑趋势1990—2000》（项琳斐译）这样五本西方近现代建筑史与建筑理论新著。其内容覆盖了西方18世纪后半叶与19世纪建筑史，亦即中国人所谓的西方近代建筑史部分；20世纪后半叶现代主义建筑在西方衰落之后建筑的发展历史，即所谓后现代主义与现代主义之后的建筑历史；以及最近10年美洲建筑的最新发展情况。这五本书的目的，是希望将从18世纪中叶至21世纪初西方建筑的发展，做一个整体的梳理。其中有一个缺憾，就是20世纪西方现代主义建筑的历史，这的确是很重要的一个历史阶段，因此，我们采取了极其慎重的态度去选择这本书，如我们选择了《1900年以来的西方建筑》，即20世纪西方建筑史的权威著作，但是，尽管作出了努力，但是，当时这本书的版权暂时还无法拿到，我们又选择了另外一本书，如《20世纪理性主义建筑》，也因为版权问题而未能如愿。

然而，比较起19世纪西方建筑史，或20世纪末现代主义之后的西方建筑史来说，20世纪上半叶至80年代的西方现代建筑史，恰恰是20世纪80年代以来中国建筑教育中的重点，那些现代主义建筑大师的思想与作品，在中国建筑师与建筑系学生们那里，几乎都是耳熟能详的。如此想来，这样一个缺憾似乎也并非显得那么十分急切了。

此外，就国内建筑学界知识结构的层面考虑，除了现代建筑运动中那些建筑师及其作品之外，对于现代主义建筑史这一历史学说背后的建构过程，对于现代建筑知识体系的形成，有关现代主义建筑的历史之基本观点的本质性内涵，大多数中国建筑师，以及建筑系的学生们，都是不甚了了的。故而我们选择了西方各大学建筑系目前最为关注的一本书《现代建筑的历史编纂》，这是一本研究西方现代建筑历史之基本观点与体系是如何形成的，其间有一些什么样的历史背景、人物纠葛、思想潮流以及具体的编纂手法与思想表述方面的著作。从这本书中，我们所看到的，不再是一部天衣无缝的西方现代建筑史，而是隐含在纸面上的西方现代建筑史背后的西方建筑师与建筑史学家的思考与争论。这对于从更深的层面上理解西方现代建筑，特别是现代主义建筑，无疑是有着十分重要的意义。至少帮助我们摆脱了过去对于现代建筑人云亦云的做法，从而可以与那些现代建筑史学家们的思想与争辩一起脉动。

这套五书组合中的另外一本书是一部从比较新的角度对西方20世纪建筑史进行观察的学术著作，其书名为《从包豪斯到生态建筑》。这显然是一本有关20世纪以来生态建筑发展历史的著述。20世纪后半叶，生态建筑的创作与研究渐渐成为一种潮流。这些年来十分热门的建筑学术语，如生态建筑、绿色建筑、节能建筑、可持续发展等，都是与这一思想潮流密不可分的。21世纪初的这十年中，生态建筑几乎成为一种独特性很强的学术领域，以一种与未来可持续发展的理念密切关联的建筑思潮，而为人们所关注。这本书则从建筑历史的角度，对生态建筑思想在20世纪的发展与变化，作出了一个清晰的历时性描述。这无疑对于理解生态建筑，并将这一建筑思潮推向深入，具有十分重要的意义。同时，也是对20世纪现代西方建筑史的一个重要补充。

无论如何，这样一个五书的组合，不可能覆盖西方近现代建筑史的全部。但是，将近些年来陆续出版的这样一套既覆盖了西方近代建筑史与20世纪后半叶西方建筑史的最新动态，又引进了西方人在现代建筑历史与理论方面最新研究成果的学术著述，同时还包括了一本与当前大家最为关注的生态建筑之发展历史密切相关的著作，这应该还可以算得上是一个不错的组合。因为，除了西方近代建筑史中的内容之外，这套书中其他四本书的内容与知识体系，对于中国建筑师与建筑系学生们而言，还都是比较陌生的。即使是西方近代建筑史，由于过去的译本较少，一般人只能从中国学者所撰写的西方近现代建筑史书中了解一二，这对于读者了解在西方现代建筑发展历史中曾经起到重要作用的西方18世纪与19世纪建筑史而言，多少还是有一些令人感觉不甚满足的地方，这套书中所选的这本书应该也补充了这一缺憾。

众所周知，西方近现代建筑史的研究与介绍，对于中国建筑的现代化所起到的影响作用，是再怎样强调也不为过分的。中国学术界从事外国近现代建筑史研究的前辈建筑史学家们，通过他们数十年的努力，满足了几代人的求知渴望，也引导了20世纪80年代以来中国建筑现代化过程中人们对于西方现代建筑知识的渴求。但是，随着国家日益开放，各种中外最新建筑杂志琳琅满目，最新的建筑资讯如潮水般涌入，现在的年轻人已经不再能够满足于读一两本中国人自己写的外国近现代建筑史了，许多人渴望了解西方人在建筑史研究上的最新进展。遴选几本最新的学术著作，满足中国读者在这方面的需求，也许就是我们这套《西方近现代建筑五书》翻译引进的最重要原因所在。希望我们这套书能够成为大家阅读《外国近现代建筑史》、《20世纪西方建筑史》等重要学术著作之外的有价值的补充读物。

当然，限于译者的水平，这样一套近现代建筑史方面的译本，可能的缺憾与不足是在所难免的。我们所恪守的原则，是要充分接近原作的本义，并以我们有限的理解，尽可能将中文表述得通俗易懂。因为，我们以为那些令人读不懂的译本，很可能存在一些译者没有能够真正弄懂却勉为其难的部分。但是，即使是这样，限于我们自己的知识范围，特别是在西方近现代历史与文化方面知识上的不足，总有一些在理解上不尽如人意的地方。因此，热心专家的善意指正，一直是我们所期待与感谢的。

译者识

2011年9月24日

于飞机上